国家自然科学基金青年项目(52004272)
江苏省自然科学基金青年项目(BK20200660)
国家自然科学基金重点项目(51734009)
国家自然科学基金面上项目(52074259)
国家自然科学基金国际合作项目(52061135111)

矸石胶结充填体的宏细观力学特性及蠕变模型研究

吴疆宇　靖洪文　著

U0337843

中国矿业大学出版社

·徐州·

内 容 简 介

本书综合运用试验测试、理论分析和数值模拟等方法对胶结充填体的宏细观力学特性及蠕变模型开展系统研究。探讨了胶结充填体的力学特性和声发射响应特征;基于胶结充填体的微观结构特征建立了胶结充填体的颗粒流模型,再现了胶结充填体承载全程的裂纹演化和颗粒破坏,揭示了胶结充填体承载变形的细观破坏机理;通过抗压强度与超声波脉冲速度的关系提出了一种预测胶结充填体抗压强度的模型;研究了胶结充填体的蠕变特性,建立了胶结充填体的黏弹塑性蠕变模型;开展了煤层开采-充填过程的模拟研究,分析了最优胶结充填体蠕变条件下上覆关键岩层和地表沉陷的时变演化规律。

图书在版编目(C I P)数据

矸石胶结充填体的宏细观力学特性及蠕变模型研究 /
吴疆宇,靖洪文著. —徐州:中国矿业大学出版社,
2021.10

    ISBN 978 - 7 - 5646 - 5096 - 4

    Ⅰ. ①矸… Ⅱ. ①吴… ②靖… Ⅲ. ①煤矸石—胶结
充填法—研究 Ⅳ. ①TD823.6

    中国版本图书馆 CIP 数据核字(2021)第 163381 号

书 名	矸石胶结充填体的宏细观力学特性及蠕变模型研究
著 者	吴疆宇 靖洪文
责任编辑	吴学兵
出版发行	中国矿业大学出版社有限责任公司
	(江苏省徐州市解放南路 邮编 221008)
营销热线	(0516)83884103 83885105
出版服务	(0516)83995789 83884920
网 址	http://www.cumtp.com **E-mail**:cumtpvip@cumtp.com
印 刷	苏州市古得堡数码印刷有限公司
开 本	787 mm×1092 mm 1/16 **印张** 12.25 **字数** 265 千字
版次印次	2021 年 10 月第 1 版 2021 年 10 月第 1 次印刷
定 价	55.00 元

(图书出现印装质量问题,本社负责调换)

前　言

胶结充填体的力学特性对煤层充填开采区上覆岩层移动和地表沉陷产生直接影响,研究胶结充填体力学特性的影响机制、探索胶结充填体稳定性的无损测试方法、认识胶结充填体细观结构演变规律、分析胶结充填体蠕变变形的损伤机理是采区上覆岩层和地表建筑结构安全评估的基础性研究课题,对煤矿安全绿色开采具有重要的科学意义和工程价值。本书综合运用试验测试、理论分析和数值模拟等方法对胶结充填体的宏细观力学特性及蠕变模型开展系统研究。研究取得以下主要成果:

(1)通过单轴压缩、常规三轴压缩和声发射监测试验研究了围压、胶结材料含量和骨料颗粒级配 Talbot 指数对胶结充填体扩容特征参量、声发射响应特征和抗压强度的影响规律。建立了含 8 个决策参量的胶结充填体抗压强度随围压、胶结材料含量和骨料颗粒级配 Talbot 指数变化的关系式,并构建了优化决策参量的遗传算法,继而实现了围压、胶结材料含量和骨料颗粒级配 Talbot 指数对胶结充填体抗压强度耦合影响的空间(四维空间)可视化。

(2)利用 PFC³ᴰ 建立了胶结充填体的三维颗粒流数值模型,模拟再现了单轴压缩和常规三轴压缩条件下胶结充填体的裂纹演化和颗粒破坏,并分析了围压、胶结材料含量和骨料颗粒级配 Talbot 指数对裂纹总数、裂纹分布和颗粒破坏模式的影响规律。

(3)通过超声波探测试验研究了胶结充填体的超声波响应特征,分析了胶结材料含量和骨料颗粒级配 Talbot 指数对胶结充填体超声波脉冲速度的影响规律,建立了胶结充填体抗压强度与超声波脉冲速度的关系,提出了胶结充填体抗压强度的预测模型。

(4)建立了一种由非线性黏壶、黏塑性体和 Burgers 体串联的胶结充填体非线性黏弹塑性蠕变模型,构建了优化该蠕变模型中 7 个决策参量的遗传算法,并推导了该蠕变模型的三维形式。分析了蠕变引起胶结充填体损伤的机理,提出了一种考虑损伤的非线性黏弹塑性蠕变模型。

(5) 采用 FLAC³D 模拟了煤层的充填开采过程,得到了满足最优充填效果的胶结充填材料的骨料颗粒级配 Talbot 指数,并对该最优胶结充填体蠕变条件下的数值模型进行了模拟,研究了煤层上覆关键岩层和地表沉陷的时变演化规律。

本书是著者博士期间从事胶结充填体力学特性方面研究工作的总结。由于著者水平有限,书中难免存在不足之处,恳请读者给予批评指正。

著 者

2021 年 9 月

目　　录

1　引　言

1.1　研究背景与意义

煤炭资源开采引发一系列采动损害和环境问题[1-3]，如图 1-1 所示，包括地表沉陷破坏地面建筑和减少可种植土地[4-6]，采动破坏含水层资源乃至诱发突水灾害[7]，堆放矸石等废物造成地表环境污染，以及额外的安全和经济问题等[8-10]。这些问题随着煤炭开采不断走向地球深部而日趋严重[11-13]。

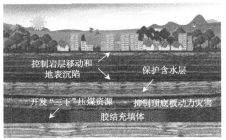

（a）综放开采法　　　　　　　　　　　（b）充填法

图 1-1　采动损害和环境问题

据统计，我国每开采单位万吨原煤造成的土地塌陷面积平均达 0.20～0.33 公顷，每年因采煤破坏的土地以 4.7 万公顷的速度递增[14]。仅山西一省因采煤形成的地下采空区就已达 200 万公顷，约为全省面积的 12.5%。采空区上覆岩层和地表沉陷给当地居民带来巨大危害，全省 3 500 多万人中就有 300 万人受灾。如果上覆岩层中存在含水层，则顶板垮落和上覆岩层破坏还会造成地下水资源流失；更严重的是，在采场与含水层之间形成导水裂隙通道，引发突水灾害[7]。目前，我国因采煤破坏排放的地下水就已达 60 亿 t/a，只有约 25% 的矿井水得到有效利用[15]。此外，在煤炭开采过程中伴随着大量矸石等固体废物的产生，每年排放量占当年煤炭产量的 10%～15%。据初步统计，我国现有矸石山达 1 600 余座，历年堆积量累计已超过 60 亿 t，占地 7 万公顷以上，且仍以超过 4.5 亿 t/a 的速度持续增长[16]。矸石大量堆积除占用大量土地、侵蚀可耕种林田外,其风化后产生的有害元素也严重影响人类生存环境,包括污染大气、土壤和地下水等[17],甚至引起滑坡、塌方和爆炸等灾害的发生[18]。

在国际能源大变革、国家宏观调控煤炭行业转型和保证本世纪中叶建成美丽中国等背景下,采用绿色开采技术防治煤炭开采引发的一系列工程灾害和环境破坏等问题已势在必行[19]。其中充填开采方法可以有效控制岩层移动和地表沉陷,较好地解决矸石外排造成的工程安全和环境污染问题[20]。尤其是胶结充填开采方法[21],采用一种由矸石或尾矿等固体废物和水、胶结材料组成的胶结充填材料对地下采空区进行处理[22],兼顾了材料的运输性能和力学强度[23-24],目前得到了较广泛的应用[25-27]。胶结充填材料在地下采空区经夯实-胶凝-固化后形成胶结充填体,胶结充填体在开采期间和服役期间能否有效控制岩层移动和地表沉陷、防止一系列灾害和破坏的发生,取决于其力学特性[28-32]。因此,研究胶结充填体的力学特性,对确保充填体稳定性、提高充填效果乃至保障煤炭开采和社会发展的可持续性具有重要意义[33-34]。

对煤层进行充填开采后,采空区胶结充填体在围岩作用下通常处于三向受压应力状态,不同围压条件下胶结充填体的力学特性是否仍与单轴压缩下的力学性质保持一致需进一步深入探讨[35-36]。胶结充填体服役期间,在上覆岩层的长时作用下产生蠕变变形[37],如果蠕变变形过大,则将不能满足工程预期要求,甚至出现加速蠕变破坏,不仅增大开采成本,也未对煤炭开采引发的一系列灾害起到防治作用。因此,本书对胶结充填体的宏细观力学特性和蠕变模型开展系统研究,确保充填体稳定性、提高充填效果,对于实现煤矿安全绿色开采、控制岩层移动和地表沉陷具有重要的理论意义与工程实用价值[38-39]。

1.2 国内外研究现状

1.2.1 胶结充填体力学特性及影响因素研究

将石膏、水泥或高水材料等胶结材料与水拌和形成均匀的浆料,再将其与骨料颗粒混合生产胶结充填材料,在大多数工程应用中还会加入辅助添加材料(纳米材料、生物质材料、聚合物、纤维、碱性矿物和吸水物质等)以改善其相关性能。胶结充填材料在采空区经夯实-胶凝-固化后形成胶结充填体,结构内部往往还伴随着孔隙和裂隙等缺陷的分布。显然,胶结充填体的力学特性决定其是否可以有效控制岩层移动和地表沉陷并防止一系列灾害的发生。从上述胶结充填体的形成过程容易发现,有 4 大内在因素影响其力学特性,包括胶结材料、骨料颗粒、辅助添加材料和孔隙结构。除了这些内在因素,还需要考虑外在环境条件对胶结充填体力学特性的影响。

(1)胶结材料对胶结充填体力学特性的影响

胶结充填与其他充填开采方法(干式充填和水力充填)的不同主要是其充填材料同时具有较好的运输性能和力学特性,通过胶结材料与水拌和形成均匀的浆料来解决井下运输困难的问题,然后将采场废石、尾砂或建筑垃圾等散体材料与浆料混合、胶凝、固化形成具有一定强度的胶结充填体[40]。因此,很多学者从胶结材料的角度研究胶结充填体的力学特性,包括胶结材料的种类和含量、水化条件和养护条件等因素对胶结充填体力学特性的影响[41]。

目前,工程上通常采用水泥、石膏和高水材料等胶结材料[42],为了区分不同胶结材料对胶结充填体力学特性的影响,Ercikdi 等[43]和徐文彬等[44]探讨了胶结材料的种类对胶结充填体单轴抗压强度的影响。然而,大量使用水泥和高水材料等昂贵的胶结材料,必然造成矿山开采经济效益的逐步降低。因此,韩斌等[45]、付建新等[46]和刘志祥等[47-48]研究了胶结材料含量与胶结充填体单轴抗压强度的关系,试图在满足胶结充填体工程强度需求的条件下,寻求最优经济效益的胶结材料用量。在此基础上,Yilmaz 等[49]研究了 3 种胶结材料的种类和含量对胶结充填体单轴抗压强度的耦合影响规律,在充填体稳定性和工程经济效益方面实现了较理想的材料配比。

在实际工程中,一方面胶结材料的种类、用量和获取途径等受到工程条件及工程经济效益的制约;另一方面采场废弃固体材料缺乏,有限的采场废石难以对采空区进行全部充填。这也正是充填开采技术即使成为绿色开采的必然趋势,也无法得到广泛应用的关键原因。因此,Peyronnard 等[50-51]、Tariq 等[52]、Li 等[53]采用粉煤灰、石膏和黏土等替代水泥和高水材料。如果水泥等高强胶结材料被完全替代,胶结充填体的稳定性必然得不到有效保障,于是李茂辉等[54]提出了将几种不同胶结材料成比例混合的方法,优化了胶结充填体胶结材料的配比。但由此容易造成胶结材料成分的巨大差异,严重影响其水化过程和水化产物,使得胶结充填体力学特性表现出巨大差异性。为了确保胶结充填体的相关力学参数满足工程要求,Cihangir 等[55]对不同胶结材料成分下胶结充填体的力学特性进行了系统研究。在此基础上,贺桂成等[56]以黄土和水泥作为混合胶结材料,通过试验探讨了水灰比和灰砂比对胶结充填体单轴抗压强度的影响,并采用 FLAC[3D]对采场进行了充填开采的数值模拟,根据模拟结果选取了最优配比的废石胶结充填体对宝山矿进行充填开采。需要注意的是,在使用黄土和黏土等材料作为胶结充填体的生产材料时,应当充分考虑当地的水文地质条件和降水条件。Li 等[57]和 Ercikdi 等[58]则认为适当添加粉煤灰、硅粉和矿渣等有助于提高胶结充填体的单轴抗压强度和降低充填成本。此外，Wu 等[59]还研究了胶结材料的种类和拌和水中 Zn^{2+} 离子对胶结充填体力学特性及水化过程的耦合影响机制，认为 Zn^{2+} 离子的浓度并不会影响胶结充填体的强度大小，更浓的 Zn^{2+} 只是延缓胶结充填体的胶凝过程。

胶结充填体不同的胶结材料造成其力学特性的差异，除了表现在胶结材料成分的巨大差异上，其在水化过程中能量演化的差异同样不能忽视，即通过改变胶结材料的水化进程和胶结充填体内部的孔隙结构来影响其力学特性。对于胶结材料水化过程中产生的热量，目前尚不能在试验中精确地测量。因此，Nasir 等[60]开发了一种可以模拟单一胶结材料水化过程中热量分布的模型，包括结构内部的温度分布及其与周围介质间的热传递。在此基础上，Wu 等[61-62]将这种模型推广应用在混合胶结材料胶结而成的充填体中，分析了不同胶结材料水化过程中产生热量的分布情况及其对胶结充填体单轴抗压强度的影响规律。

除此之外，还必须重视硫化物对胶结充填体的腐蚀效应。在长期的充填开采活动中，人们发现过高的硫化物含量使得胶结充填体强度远远达不到预期设计指标，即使通过增大胶结材料的使用量或替换性能更优越的胶结材料也仍然不能与工程较好地契合。Kesimal 等[63]、Ouellet 等[64]、Orejarena 等[65]、Ercikdi 等[66]、Li 等[67]、Fall 等[68]系统地研究了硫化物腐蚀条件下胶结充填体的单轴抗压强度，包括硫化物对不同胶结材料种类和含量下充填体早期强度和后期强度的影响。结果表明，硫化物的存在导致酸和硫酸盐的形成，酸和硫酸根离子与水化产物中 $Ca(OH)_2$ 和 C-S-H 凝胶反应生成膨胀相 $CaSO_4$，造成胶结充填体稀疏多孔，极大地弱化了承载结构。而工程中硫化物主要来源于采场废石、尾砂和矿渣等固体废物，于是人们开始关注骨料颗粒对胶结充填体的影响。

（2）骨料颗粒对胶结充填体力学特性的影响

如前文所述，两大因素严重制约胶结充填开采技术的广泛应用。一方面，胶结材料的种类、用量和获取途径等受到工程条件及工程经济效益的制约，上述诸多学者通过多种方法已经较好地解决该问题；另一方面，采场废弃固体材料缺乏，有限的采场废石难以对采空区进行全部充填，针对此问题通常的解决办法是就近选择建筑垃圾和矿渣等固体废物进行补充。但是，骨料颗粒间物理化学特性造成的差异严重影响胶结充填体的力学特性，含高硫化物的固体废物和孔隙结构疏松的固体废物极易劣化胶结充填体的力学特性。再者，目前工程上通常采用配比为 1∶2～1∶12（胶结材料与骨料颗粒的质量比）的胶结充填体，也即骨料颗粒占胶结充填体质量比在 66% 以上，因此不能忽视骨料颗粒的物理化学特性对胶结充填体力学特性的影响。Kesimal 等[69]、Fall 等[70]和 Benzaazoua 等[71]较系统地研究了骨料颗粒的种类和含量对胶结充填体强度特性的影响，包括早期强度、后期强度和长期强度。表 1-1 是 Benzaazoua 等[71]给出的几种骨料颗粒(尾矿)化学成分的质量分数,认为胶结充填体的强度与骨料颗粒中的硫元素含量呈负相关关系,指出对含高硫化物的固体废物必须进行脱硫处理。此外,Ke 等[72]还研究了骨料颗粒粒径分布对胶结充填体流动性和力学特性的影响,认为更细的骨料颗粒粒径分布对胶结充填材料的可加工性有害,其流动性与骨料颗粒细度呈负相关关系,但细度的增加可以改善胶结充填体的强度特性。与之不同的是,Fall 等[73]认为中等细度的骨料颗粒更有利于胶结充填体的强度增长,当细小颗粒含量达到 35%~55% 时,胶结充填体的强度基本保持恒定或随着骨料颗粒细度的降低或增大而开始降低。杨啸等[74]则认为平均粒径小的胶结充填体早期强度较高,而平均粒径大的则更利于提高胶结充填体的后期强度。因此,在骨料颗粒粒径分布对胶结充填体力学特性的影响方面,由于颗粒粒径跨度相差较大、粒径分布难以量化、试验条件存在多样性等因素,研究结果存在巨大差异[75]。

表 1-1 4 种尾矿化学成分的质量分数[71]

尾矿试样	S/%	Ca/%	Si/%	Al/%	Mg/%	Fe/%	Cu/10^{-6}	Zn/10^{-6}	黄铁矿/%
A1	32.2	1.07	10.12	2.630	0.21	26.8	1 870	45 600	60.6
A2	24.4	0.99	15.7	4.870	0.35	20.6	0.24	2.1	42.4
B	15.9	1.44	15.3	4.065	2.695	20.7	1 108	1 795	29.8
C	5.2	1.17	26.29	5.640	0.57	5.13	30	149	9.75

至此,人们开始重视骨料颗粒粒径分布对胶结充填体力学特性的影响。Börgesson 等[76]认为骨料颗粒粒径分布严重影响胶结充填材料的匀质性,由此造成胶结充填体力学特性的差异。Gautam 等[77]、Kesimal 等[78]、Sari 等[79]、Bosiljkov 等[80]、王新民等[81]和吴疆宇等[82]通过试验试图得到胶结充填材料的最优骨料颗粒粒径分布,认为优化骨料颗粒粒径分布后的胶结充填体强度比未优化的高出 10% 以上;并且还能改善胶结充填体的耐霜冻和耐盐碱性能[83],同时具有更低的水需求[84-85];普遍认为骨料颗粒粒径分布的优化可以改善胶结充填体的承载结构,其通过强化颗粒间相互交错的骨架结构来优化胶结充填体力学特性[86-87]。然而多种粒径区间的骨料颗粒容易构成高维的参数空间,对胶结充填体的力学特性产生极大的影响[88-90]。例如对骨料颗粒粒径范围分别为 $0\sim d_1$、$d_1\sim d_2$、$d_2\sim d_3$、$d_3\sim d_4$、$d_4\sim d_5$、$d_5\sim d_6$ 的 6 种粒径区间,就需要在其质量比为 $[m_1:m_2:m_3:m_4:m_5:m_6]$ 的六维空间中寻求胶结充填体力学强度的最优值,由此容易造成维数灾难。因此,根据合理的骨料颗粒粒径分布函数开展胶结充填体的力学试验,量化骨料颗粒粒径分布对胶结充填体力学参数的影响,寻求

骨料颗粒的最优粒径分布,有利于提高充填效果和降低充填成本。

(3)辅助添加材料对胶结充填体力学特性的影响

与胶结材料不同,辅助添加材料通常不具备水化能力,且含量相对较低,但具有改善胶结材料水化过程、优化胶结充填体内部结构和提高充填效率等效益。例如,Koohestani 等[91]研究了纳米二氧化硅含量与胶结充填体单轴抗压强度的关系,认为纳米材料可以通过改善胶结材料的水化过程来提高其强度,特别是对胶结充填体的早期强度提高效果显著。吴文[92]通过在胶结充填材料中添加絮凝药剂(flocculant)来改善其力学特性,结果表明存在一个最优含量的絮凝药剂使胶结充填体强度达到极值,最优添加量仅为 100 g/t,有效减少了胶结材料的使用。杨云鹏等[93]将富含 CaO、Al_2O_3 和 MgO 等活性物质的矿渣掺入胶结充填材料中,不仅大大减少了胶结材料的使用量,同时改善了充填材料的力学特性。Cihangir 等[94]研究了活性剂类型和浓度对高硫化尾矿胶结充填体力学特性的影响机制,结果表明适当添加碱性矿物可以极大地提高胶结充填体的早期强度,而液态硅酸钠的存在使其同时具备较高的后期强度。Cihangir 等[55]认为碱性物质的存在,在一定程度上可以中和硫化物形成的酸和硫酸盐,防止胶结充填体承载结构的劣化。于是,Ercikdi 等[95]通过在胶结充填材料中添加破碎大理岩和废砖块来强化胶结充填体的耐酸能力,极大地优化了充填体的力学特性。

工程上为了便于胶结充填材料的运输,通常采用较高的水灰比,然而过高的水灰比导致胶结充填体强度和稳定性降低。于是,人们开始在胶结充填材料中添加减水剂。Ercikdi 等[96]研究了减水剂种类对胶结充填体力学特性的影响,认为减水剂可以同时改善高水灰比胶结充填体的早期强度和后期强度。基于 Jensen 和 Hansen 的开创性研究成果[97-98],超吸水聚合物(super absorbent polymer,简称 SAP)在胶结多孔介质材料中的优越性能开始引起人们的注意,包括减少自体收缩和开裂[99],改善水化过程[100],强化力学特性构成超高性能材料[101]等。Farkish 等[102]使用超吸水聚合物对胶结充填材料进行快速脱水,促使材料致密化以强化胶结充填体的结构性能。在以上研究成果的基础上,Pourjavadi 等[103]又研究了超吸水聚合物和纳米二氧化硅耦合影响下胶结充填体的力学特性,通过胶结充填体微观结构的差异阐述了超吸水聚合物和纳米二氧化硅对胶结充填体力学特性的耦合影响机制。

事实上,当胶结充填材料的坍落度高于 180 mm 时,就能为其地下运输提供足够的流动性。然而此时胶结充填材料的含水量仍然大大超过胶结材料完全水化反应所需的水含量,这严重劣化胶结充填体的力学特性和结构性能[104]。针对这种高水灰比的实际情况,以上研究通过添加减水剂、聚合物或纳米材料等方法较好地进行改善。为了进一步提高工程经济效益,部分学者[105-108]发现在胶结充填材料中添加木材填料、稻壳灰等生物质材料同样可以达到减水效果,并优化胶结充填体的力学特性,其通过不同的影响机制改善胶结充填体的强度和变形特性,包括与水化反应相关的化学作用和水泥颗粒表面的吸附作用。其因廉价、丰富、环保且易于加工而得到较广泛的应用[109-110]。此外,这些生物质材料的使用还可以缩短胶结材料的初凝和终凝时间,提高材料韧性、抗冲击性、抗弯强度、抗压强度和抗拉强度等力学特性[111-114]。Koohestani 等[115]较系统地研究了枫木屑对胶结充填材料的力学特性和结构性能的影响,结果表明,适量的(胶结材料质量的 12.5%)木屑不仅可以提高胶结充填体的强度参数(包括早期强度、后期强度和长期强度),还可以改善高胶结充填体的孔隙结构。

　　与上述辅助添加材料存在明显差异的是纤维材料,它不会影响胶结材料的水化过程和充填体中的水含量[116]。纤维材料对胶结充填体力学特性的强化机制是将结构内部的应力转移到纤维上,以提高胶结充填体的承载能力[117-118]。纤维材料因高抗拉性能,更明显的优化作用体现在胶结充填体的延性和抗变形性能上[119]。但该优化作用与纤维材料在胶结充填体中的分布形式密切相关,由于纤维不具备抗压性,因此更多的与剪应力方向呈一定角度分布的交错纤维可以更好地强化胶结充填体的力学特性。

　　(4) 孔隙结构对胶结充填体力学特性的影响

　　事实上,从超高强度水泥基材料的发明如无缺陷水泥(macro-defect-free cement,简称 MDF)和包含均匀排列骨料颗粒粒径分布的致密体系[120],容易发现除了高水化作用对胶结充填体力学特性的优化,更应该考虑胶结材料水化-胶凝-致密后与骨料颗粒间共同形成的孔隙结构。因此,较多学者从胶结充填体的微观结构入手探讨胶结充填体孔隙结构的差异对其力学特性的影响。其中徐文彬等[121]、Ouellet 等[122]利用扫描电子显微镜(scanning electron microscope,简称 SEM)和孔隙度分析仪研究了胶结充填体的内部结构,认为胶结充填体的总孔隙度与养护时间呈负相关关系,结合 X 射线衍射(X-ray diffraction,简称 XRD)分析了胶结充填体内部水化产物在不同养护时间下的成分、类型和形态及其对强度发展规律的影响。Sun 等[123-124]通过计算机断层扫描(computed tomography,简称 CT)、Zheng 等[125]和 Yilmaz 等[126]通过压汞试验(mercury intrusion porosimetry,简称 MIP)、Fridjonsson 等[127]通过核磁共振试验(nuclear magnetic resonance,简称 NMR)研究了胶结充填体的孔隙结构,讨论了结构差异对胶结充填体力学特性的影响。

　　(5) 工程条件对胶结充填体力学特性的影响

　　胶结充填体力学特性的影响因素不外乎两个,即内在因素和外在因素。内在因素主要包括上述 4 方面(胶结材料、骨料颗粒、辅助添加材料和孔隙结构),

外在因素则包含温度、湿度、腐蚀环境和应力状态等。工程条件的差异造成胶结充填体所处外在环境的巨大差异,严重影响胶结充填体的力学特性。目前,关注最多的就是胶结充填体与周围环境间的热传递。由于这种热传递较难实时测量,通常采用养护温度和养护时间来间接表征,养护温度越高、养护时间越长表征外界对胶结充填体传递的能量越多。Barnett 等[128]通过试验分析了养护温度对胶结充填体力学特性的影响机制,认为更高的养护温度不仅加快了胶结材料的水化进程,其更完全的水化产物也具备更高的强度,同时减小了胶结充填体结构内部的孔隙。Fall 和 Ghirian 等[129-130]则探讨了养护时间对胶结充填体力学特性的影响规律,认为更长的养护时间可以促进未完全水化的胶结材料完全水化,形成强度更高、结构更致密的胶结充填体。Wu 等[131]利用 COMSOL 多物理场耦合模拟了不同水化条件和不同养护条件下胶结充填体结构内部的能量场、温度场及胶结材料的水化过程,并分析了水化条件和养护条件对胶结充填体力学特性的耦合影响机制。

除此之外,还应当考虑材料的初始温度对胶结充填体力学特性的影响,包括胶结材料、骨料颗粒及拌和水所构成混合物的初始温度。由于水的比热容过高,骨料颗粒和胶结材料次之,如果该混合物的初始温度过低,不仅吸收大量胶结材料水化过程中产生的热量,也需要外界长时间对其能量输入才能达到胶结材料的理想水化温度,这样就大大减慢了胶结材料的水化进程。因此,Wang 等[132]、Cui 等[133]开展了 4 种初始温度(2 ℃、20 ℃、35 ℃和 50 ℃)下胶结充填体的单轴压缩试验。结果表明,较高初始温度(35 ℃和 50 ℃)的胶结充填体早期强度(养护时间小于 7 d)明显更大,早期强度与初始温度呈正相关关系。而对于养护时间大于 7 d 的胶结充填体,初始温度为 50 ℃试样的强度反而较 20 ℃和 35 ℃的更低。认为更高的温度可以加速胶结材料的水化进程,但过高的温度引起过快的水化反应,容易造成胶结材料颗粒周围形成致密的水化产物而延缓之后的进一步水化[134-136],最终导致胶结充填体内部水化产物及孔隙结构的不均匀分布,如图 1-2 所示[137]。

对于高温条件下胶结充填体力学特性的研究,目前仅有 Fall 和 Samb[138]考虑了火灾或硫化物氧化产生的高温对胶结充填体的影响,认为胶结充填体的单轴抗压强度在 200 ℃以内与温度呈正相关关系,温度超过 200 ℃后单轴抗压强度与温度呈负相关关系。对此可解释为在 200 ℃以内,胶结充填体的强度随着结构内多余游离水的蒸发而增大,当温度超过 200 ℃,结构内水化产物发生热分解而脱水,劣化胶结充填体的承载结构。如图 1-3 所示,600 ℃试样的孔隙明显大于 400 ℃试样,且在受载之前就已形成较发育的裂隙。

与高温条件下胶结充填体存在一个强度变化临界值不同,低温条件必然导

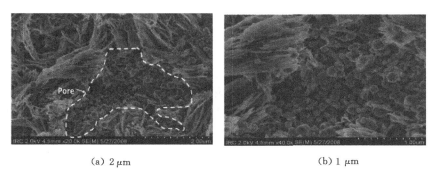

(a) 2 μm　　　　　　　　　　　　　(b) 1 μm

图 1-2　初始温度 50 ℃下胶结充填体的 SEM 结果[137]

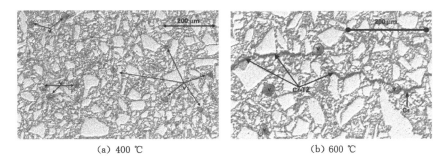

(a) 400 ℃　　　　　　　　　　　　(b) 600 ℃

图 1-3　400 ℃和 600 ℃下胶结充填体的 SEM 结果[138]

致胶结充填体力学特性的劣化,使充填体强度达不到工程预期要求,加剧采场上覆岩层的变形破坏,引起塌方等灾害。例如在加拿大北部、中国东北及西部、俄罗斯等进行充填开采作业时,低温环境对胶结充填体力学特性的影响不容忽视。为此,Jiang 等研究了胶结充填材料在低温条件下的强度-时间演化关系[139],认为低温条件不仅抑制了胶结材料的水化进程,也大大降低了浆液的运输性能[140]。如果浆液冻结还会导致运输管道的堵塞、胀裂及破坏,则严重影响工程进度和经济效益。于是,刘超等[141]提出了对胶结材料拌和水进行预加热的方案,通过适当提高水温以增大浆液运输性能的同时促进胶结材料的水化进程;但这种方法容易消耗更多的热能,严重影响工程经济效益。于是,Hivon 等[142]提出了一种更廉价的方式来优化胶结充填材料在低温条件下的运输性能,通过加入防冻剂(NaCl)来防止浆液冻结。但由于 Na^+ 离子替代一部分水化产物(C-S-H 凝胶和钙矾石)中的 Ca^{2+} 离子[143-144]或吸附在 C-S-H 凝胶的表面[145-146],水化产物中 Ca/Si 比降低[147],造成胶结充填体力学参数的劣化。因此,Jiang 等[148]系统地研究了低温条件下 NaCl 浓度对胶结充填体力学特性的影响,试图在保证浆液较理想运输性能的条件下使胶结充填体力学参数达到预期设计指标。

在煤矿充填开采中,高浓度的胶结充填材料运输至充填工作面,使用夯实设备使其与煤层顶板进行接顶,在短时间内可以依靠液压支架支撑煤层顶板。但随着工作面的逐渐推进,胶结充填体承受煤层顶板的作用,此时胶结充填材料未必完全固化。于是,Yilmaz 等[149]开展了带压固化条件下胶结充填体的力学试验,认为带压固化导致胶结充填体中骨料颗粒的重排,并降低了充填体的总孔隙。采空区无法在短时间内一次性完成充填作业,往往需要多次、多时完成,导致胶结充填体的分层现象。因此,曹帅等[150-151]对不同浓度、不同填充次数的分层胶结充填体进行单轴压缩试验,得到了胶结充填体强度折减系数与固体质量浓度和填充次数的关系。

显然,工程条件的巨大差异,造成胶结充填体的力学参数难以系统评估。为此,研究耦合影响因素下胶结充填体的力学特性,对于充填开采的工程指导和理论规范具有重要意义。Fall 和 Pokharel[152-153]认为在加拿大寒冷地区使用含高硫化物的尾砂(例如黄铁矿等)生产胶结充填材料时,必须探讨硫酸盐和温度对胶结充填体力学特性的耦合影响机制,还包括提高温度和脱硫处理等对充填成本的耦合作用。Nasir 等[154]、Abdul-Hussain 等[155]将这种耦合影响关系嵌入数值软件中,模拟了温度和化学因素对胶结充填体单轴抗压强度的影响。由于胶结充填材料需要保证一定的流动性,以便于其在地下采场的运输,且胶结材料的耗水不能被忽视,因此 Ghirian 和 Fall[156-157]认为还应当考虑水力条件对胶结充填体的影响。不仅如此,Fahey 等[158]、Yilmaz 等[159]还注意到现场胶结充填材料排水条件对其力学特性造成的差异,认为必须区分实验室排水条件和现场排水条件。此外,还应该充分考虑胶结充填体的外部应力条件,包括动载和循环荷载等[160-163]。至此,对于胶结充填体力学特性(mechanical)的耦合影响因素已发展为三方面,包含热量(thermal)、化学(chemical)和水力(hydraulic),如图 1-4 所示[164]。在此基础上,Fall 团队[165-170]构建了多物理场对胶结充填体的 THMC (thermal-hydraulic-mechanical-chemical)行为进行了系统的研究。

1.2.2 胶结充填体声发射响应特征研究

胶结充填体承载过程中,容易在水泥颗粒-骨料颗粒的弱胶结界面、原生微孔和微裂隙等微缺陷的尖端形成应力集中,尖端黏结颗粒在应力作用下断裂滑移萌生裂纹并释放能量,由此产生声发射信号。声发射信号的活跃程度反映结构内部裂纹演化情况,因此人们多用声发射特征参量(振铃计数、计数率、累计

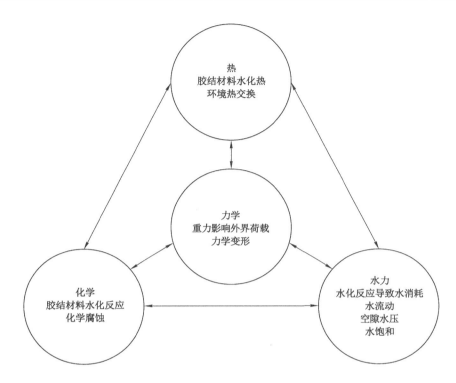

图 1-4 胶结充填体的耦合影响因素

数、能量、能量率和累计能量等）表征结构的损伤。目前，针对胶结充填体声发射响应特征的研究较少，更多的集中于岩石和混凝土[171]。显然，这 3 种岩土材料在声发射响应特征方面具有一定的相似性。

在岩石材料方面，尹贤刚等[172]对多种岩石开展了单轴压缩条件下的声发射监测试验，得到了声发射分形维数随轴向应力的变化规律。在此基础上，李庶林等[173]又对这些不同种类的岩石进行了单轴加卸载试验，研究了岩石声发射信号在应力加卸载条件下表现出的 Kaiser 和 Felicity 效应。李术才等[174]则探讨了单轴压缩条件下砂岩承载过程中电阻率和声发射信号的演化规律，表明在岩石破坏前，电阻率对裂纹演化更敏感，而声发射信号次之；在岩石破坏瞬时，电阻率和声发射信号均突然升高，但声发射信号的同步性更好、敏感程度更高。他们认为可以采用电阻率和声发射信号综合表征岩石承载过程中的损伤程度以弥补各自缺陷，根据所定义的综合损伤变量建立了损伤演化方程，得到了岩石损伤破坏的判别标准和破坏前兆特征。为了进一步了解岩石承载过程中的裂纹演化，赵兴东等[175]通过单轴压缩条件下花岗岩的声发射定位试验，得到了裂纹的空间演化规律和分布特征。由于深部岩石通常处于三向受压状态,纪洪广等[176]通过三轴压缩下花岗岩的声发射试验得到了低频和高频声发射信号与围压的关系,并探讨了声发射信号峰值频率在岩石破坏前的分布规律。苗金丽等[177]则通过真三轴卸载岩爆试验对声发射原始波形数据进行了频谱分析和时频分析,表明岩爆过程中容易产生高频低幅和低频高幅的波。为了解岩石在高应力条件下的损伤演化,杨永杰等[178]对灰岩开展了不同围压下的常规三轴压缩试验,基于岩石承载过程中的声发射振铃计数建立了其损伤演化方程,继而得到了相对应的损伤本构方程。

在混凝土材料方面,Zhou 等[179]通过单轴压缩下水泥砂浆的声发射定位试验,得到了裂纹的时空演化规律,并采用声发射能量定量表征了裂纹的发育程度。考虑到混凝土材料的工程应用,更多的研究在三点弯曲、直剪和拉伸等试验下探讨材料的声发射响应特征。纪洪广等[180]通过混凝土三点弯曲试验得到了其断裂临界状态下声发射分形特征参数的识别特征。Sagar 等[181]采用声发射参数 b 值表征了混凝土在三点弯曲试验过程中的损伤程度。Aggelis 等[182]对水泥砂浆开展了拉伸试验和剪切试验,结果表明裂纹种类的差异也造成声发射信号的差异,如剪切试验中的声发射信号表现出比拉伸试验中更长的波形和更低的频率。Mpalaskas 等[183]考虑了夹杂物对声发射信号的散射作用,认为声发射信号由源位置传输至声发射探头间的路径如果含有杂质,将大大影响声发射试验的结果;研究通过在水泥砂浆中内置夹杂物,探讨了砂浆的非均匀性对声发射信号失真程度的影响,得到了不同夹杂物含量下声发射参数 RA 值与砂浆强度的关系。此外,Tragazikis 等[184]和 Barkoula 等[185]还研究了纳米添加材料对混凝土承载过程中声发射响应特征的影响。Blom 等[186]探讨了纺织增强水泥基复合材料在三点弯曲试验下的声发射演化规律,认为即使在早期承载阶段,声发射信号也适用于表征材料的损伤。Aggelis 等[187]提出在研究纺织增强混凝土材料的声发射响应特征时,需要充分考虑材料特性(胶结材料与纺织材料的性能差别)。Paul 等[188]对添加聚乙烯醇纤维的水泥砂浆进行拉伸试验和三点弯曲试验,认为声发射技术可以很好地分析材料在承载过程中的裂纹演化和分布,最重要的是实现了对胶结体开裂和纤维断裂的识别。

1.2.3 胶结充填体细观结构演变研究

通过胶结充填体的力学试验可以得到其承载过程中宏观力学参数的演化规律,利用声发射技术可以对其承载过程中的损伤进行实时表征,但无法进一步了解其承载过程中的结构演变规律。而在力学试验中对胶结充填体的微观结构进行实时观察又过于困难,也未发现适用于表征结构优劣的参数化理论。因此人们大多通过颗粒流软件 PFC(particle flow code)模拟再现胶结充填体承载过程中的结构演变,包括裂纹演化、颗粒破坏和力链发展等,以揭示其结构变形的细观机理。目前,通过颗粒流软件 PFC 模拟再现胶结充填体细观结构演变的研究相对较少,更多的集中于岩石材料。该两种岩土材料颗粒流数值模型的建立具有一定的共同点和相似性。因此,下面就这两种多孔介质的颗粒流数值模拟研究进行介绍。

(1) PFC[2D]

李兴尚等[189]和庄德林等[190]采用 PFC[2D]模拟再现了煤层开挖-顶板垮落-采空区充填的整个过程,采用接触黏结模型描述胶结充填体的内部颗粒,研究了充填率、胶结充填体黏结强度和弹性模量对胶结充填体压实特性的影响规律。Liu 等[191]采用平行黏结模型描述颗粒间的接触方式,模拟得到了三轴压缩条件下胶结充填体的应力-应变行为,并与试验结果进行了对比。Xu 等[192]同样采用平行黏结模型描述胶结充填体的内部颗粒,基于三点弯曲试验对模型参数进行了标定,模拟得到了胶结充填体承载过程中的裂纹演化规律,结果表明裂纹沿骨料颗粒间的界面扩展导致了裂纹扩展路径呈锯齿状。Zhang 和 Wong[193-196]采用 PFC[2D]对预制裂隙岩石开展了系统的研究:首先对预制单裂隙和双裂隙的岩石进行单轴压缩试验,采用平行黏结模型描述岩石颗粒接触方式,基于试验结果对模型参数进行了标定;模拟得到了裂纹的起裂位置、演化规律和贯通模式,分析了裂纹演化过程中模型应力场和位移场的变化规律,揭示了裂隙岩石的裂纹扩展机制。模拟结果与试验结果中显示的裂纹分布和破坏模式较吻合,表明上述模拟结果较可靠。杨圣奇和黄彦华等[197-199]采用 PFC[2D]对单轴压缩和常规三轴压缩下的断续预制裂隙岩石进行了模拟研究,分析了预制裂隙倾角、预制裂隙间岩桥倾角和围压等对裂隙岩石裂纹演化规律的影响,从细观层面揭示了不同影响因素下裂隙岩石裂纹扩展的力学响应机制。Cao 等[200-201]开展了含多组交叉裂隙类岩石材料的单轴压缩试验,利用 PFC[2D]模拟再现了试验结果,分析了 4 种典型破坏模式(阶梯状渐进破坏、裂隙面破坏、Ⅰ型剪切破坏和Ⅱ型剪切破坏)的裂纹起裂、扩展和贯通模式,介绍了 4 种破坏模式的详细特征。黄彦华和杨圣奇等[202-204]对预制孔洞的岩石试样开展了单轴压缩试样,并建立了与之相匹配的颗粒流模型,基于模型应力场和位移场的变化规律探讨了预制孔洞岩石的裂纹扩展机制。Liu 等[205]采用 PFC[2D]对单轴压缩条件下含预制孔洞和裂隙组合缺陷的砂岩进行了数值模拟,分析了砂岩力学参数与缺陷几何分布间的关系,研究了裂隙周围局部应变在承载过程中的演化规律。Zhou 等[206]则对单轴压缩条件下含预制孔洞和裂隙组合缺陷的混凝土进行了二维颗粒流数值模拟,分析了不同几何分布缺陷对混凝土裂纹演化的影响。

（2）PFC^{3D}

Yang 等[207-208]利用 PFC^{3D}对单轴压缩条件下多裂隙长方体岩石进行了数值模拟,探讨了裂隙倾角对岩石承载过程中裂纹演化的影响。Fan 等[209]通过单轴压缩条件下多裂隙岩石的颗粒流模拟分析了 4 种典型破坏模式（分裂破坏、裂隙面破坏、阶梯状渐进破坏和完整材料破裂）的裂纹演化过程。Park 等[210]利用 PFC^{3D}对直剪试验条件下节理岩石进行了数值模拟,研究了节理的几何分布和细观参数对岩石剪切行为和裂纹演化的影响,开发了一种评估节理粗糙系数的数值三维轮廓扫描技术,并基于模型应力场和位移场的演化规律探讨了节理失稳滑移机制。Bahaaddini 等[211-212]在三维颗粒流数值模型中采用光滑节理模型表征岩石的原生闭合裂隙,再现了不同裂隙倾角、裂隙间岩桥倾角和裂隙连通度下岩石的裂纹演化和破坏模式,从细观层面揭示了裂隙参数对岩石强度的影响机制。Huang 等[213]利用 PFC^{3D}建立了常规三轴压缩下断续双裂隙岩石的数值模型,并根据试验结果对模型参数进行了标定,模拟分析了裂隙倾角和围压对裂隙岩石裂纹演化和分布特征的影响规律。

1.2.4 胶结充填体超声波响应特征研究

在了解胶结充填体承载过程中力学特性演化规律及其影响机制的基础上,可以设计合理的胶结充填材料进行工程应用。采用所设计材料生成的胶结充填体是否可以满足工程预期要求,需要在充填现场进行有效评估。显然,在充填现场开展胶结充填体力学参数或结构参数的评估均很困难。于是,一种简单、便捷、无损、经济和有效的评估方法——应用超声波技术评估结构稳定性在工程应用上得到了推广。这种方法不仅可以用于评估材料的各种性能,在强度预测上也表现出极高的可靠性。目前,应用最广的是采用超声波脉冲速度（ultrasonic pulse velocity,UPV）来评估或预测材料的力学参数或结构参数,有关研究在胶结充填体和混凝土领域均有较好的进展。

Ercikdi 等[214]对不同种类骨料颗粒、胶结材料含量、水灰比、养护时间和试样尺寸下的胶结充填体进行单轴压缩试验和超声波探测试验,发现 $\phi 5\ cm \times 10\ cm$ 试样的单轴抗压强度比 $\phi 10\ cm \times 20\ cm$ 的试样高 1.69 倍,而超声波脉冲速度却仅相差 7.45%,认为在探讨强度与超声波脉冲速度的关系时应区分试样的尺寸大小。Huang 等[215]采用脱硫炉渣替换了部分骨料颗粒,探讨了替换率对胶结充填体抗压强度和超声波脉冲速度的影响规律。Yilmaz 等[216]对不同水泥种类、水灰比、尾矿细度和养护时间下的胶结充填体开展了单轴压缩试验和超声波探测试验,认为胶结充填体的单轴抗压强度与超声波脉冲速度服从线性关系,继而建立了胶结充填体抗压强度的预测模型。Cao 等[217]考虑到采空区无法一次性完成充填,需要多时多次完成充填作业,研究了充填间隔时间对胶结充填体单轴抗压强度和超声波脉冲速度的影响。结果表明,充填间隔时间的增大导致胶结充填体单轴抗压强度和超声波脉冲速度的降低,单轴抗压强度与超声波脉冲速度间表现出较好的线性关系。与之不同的是,Wu 等[218]采用线性、对数、指数和幂函数拟合了不同粉煤灰含量、固体含量和养护时间下胶结充填体单轴抗压强度与超声波脉冲速度的关系,基于统计学方法 T 检验和 F 检验表明指数关系更适合描述两者的关系。Demirboğa 等[219]通过试验探讨了不同养护时间下混凝土单轴抗压强度和超声波脉冲速度的关系,也认为指数函数更适合描述两者的关系。

由于超声波技术在岩土领域的快速发展,各国各组织制定了相关测试标准以规范该技术在行业内的应用。Komloš等[220]讨论了英国、美国、德国、俄罗斯、斯洛伐克、匈牙利和国际材料与结构研究实验联合会(International Union of Laboratories and Experts in Construction Materials,Systems and Structures,RILEM)制定的混凝土材料超声波脉冲速度测量及其性能评估标准间的差异,表明超声波脉冲速度不仅可以用于预测多孔介质材料的强度参数,也适用于评估其动态弹性参数、内部缺陷和匀质性等,同时可以表征材料性能随时间的变化。但不同性能评估的不确定性相差较大,在执行评估程序时需要充分验证其可靠性。

至此,采用超声波技术评估材料性能或结构稳定性不再局限于其强度参数。Yasar 等[221]发现岩石的超声波脉冲速度与其密度、抗压强度和弹性模量均表现出很好的相关性。Ohdaira 等[222]开展了不同含水率下混凝土的超声波探测试验,结果表明超声波技术也可以对混凝土的含水率进行有效预测。Lafhaj 等[223]对不同水灰比下的水泥砂浆进行了微观结构分析和超声波探测试验,得到了孔隙度与超声波脉冲速度的关系,认为超声波技术可以同时对材料的强度参数和渗透参数进行预测。Krauß 等[224]和 Voigt 等[225]还采用超声波技术评估了混凝土中胶结材料的水化程度。Shah 等[226]甚至采用超声波技术实现了混凝土材料的损伤检测,识别混凝土结构内部是否存在自体收缩和开裂。

1.2.5 胶结充填体蠕变特性研究

胶结充填体在上覆岩层的长时作用下产生蠕变变形,如果结构蠕变变形过大,将发生加速蠕变破坏,导致上覆岩层和地表沉陷的加剧,乃至引发一系列灾害;因此,研究胶结充填体的蠕变特性具有重要意义。

孙春东等[227]对 1 500 mm×600 mm×900 mm 的高水材料充填体进行了蠕变试验,认为充填体所承担荷载只要不超过其强度的 70%,即可使充填体保持在稳定蠕变阶段而不会出现加速蠕变破坏。赵奎等[228]采用 Hoek-Kelvin 模型描述胶结充填体的黏弹性特征,利用粒子群优化算法对模型参数进行了辨识,并讨论了应力水平对模型参数的影响规律。孙琦等[229]对胶结充填体开展了常规三轴蠕变试验,基于试验结果推导了考虑时间和应力两个判别参量的损伤演化方程,建立了新的考虑损伤的蠕变模型,并对模型参数进行了成功辨识。陈绍杰等[230]通过试验分析了胶结充填体在蠕变条件下表现出硬化特征的微观机理,认为结构内部丰富的微孔分布是其蠕变硬化的先决条件,其次是蠕变过程中结构内部裂纹发生偏转,致使裂纹尖端应力场弱化。刘娟红等[231]对富水材料充填体开展了单轴蠕变试验,表明蠕变容易造成结构内非结合水的流失,致使结构内部出现更多空隙,这些空隙在蠕变作用下被迅速压密,导致充填体出现局部破坏。

显然,针对胶结充填体蠕变特性的研究并不多,所开展试验工作和理论工作也远远不足,其工程应用大多是沿用或借鉴深部岩石(体)蠕变特性的相关研究成果。有关岩石材料的蠕变试验及其蠕变模型,目前已有较好的研究进展,孙钧院士[232]对已有的研究成果进行了系统的概括,并指明了未来发展方向。下面就简要介绍岩石蠕变特性的研究现状。于怀昌等[233]对粉砂质泥岩开展了常规三轴试验和常规三轴蠕变试验,比较了两种试验条件下岩石力学强度及其对应峰值应变和剪切模量等参数的差异,从岩石破裂机制的角度解释了相关力学参数差异的原因。Wang 等[234]通过岩盐的分级蠕变试验探讨了其蠕变作用下的剪胀行为,并得到了长期强度参数。黄达等[235]则对大理岩进行了恒轴压分级卸围压蠕变试验,采用 Burgers 模型对试验结果进行了成功辨识,同时讨论了卸荷量对 Burgers 模型参数的影响规律。陈亮等[236]通过试验分析了温度、应力水平和围压对花岗岩蠕变特性的影响规律,普遍认为岩石材料在蠕变过程中具有黏性、弹性和塑性,并可以构建相对应的力学元件对其进行描述。夏才初等[237-238]对描述岩石材料黏弹塑性的蠕变模型进行了总结,提出了统一蠕变模型,如图 1-5 所示,并详细介绍了各组合模型所表征的力学性状和参数辨识方法。但这些模型仍不能描述材料在加速蠕变阶段表现出的非线性特征,于是人们开始构造适合描述材料加速蠕变破坏特征的非线性元件,并将其与合理的黏弹塑性元件组合,构成新的非线性黏弹塑性蠕变模型[239];或者在原有黏弹塑性蠕变模型的基础上,直接将其中一个或几个线性元件替换为非线性元件。Zhou等[240]采用分数阶 Abel 黏壶构建了一种新的蠕变模型,采用该蠕变模型和西原模型对试验数据进行了辨识,认为该模型可以更好地描述岩石的蠕变变形。吴斐等[241]则将两个分数阶 Abel 黏壶和一个弹性元件串联,也获得了与试验结果相匹配的模型参数。

通常,非线性黏弹塑性蠕变模型由统一蠕变模型中的一种组合和非线性元

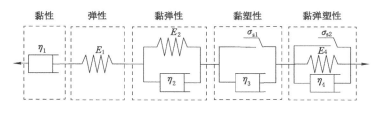

图 1-5 统一蠕变模型

件构成,而统一蠕变模型均为常参数蠕变模型,非线性元件则为非线性黏弹塑性蠕变模型中的非线性部分。于是,我们容易给出 1985—2017 年的部分研究有关岩石的非线性黏弹塑性蠕变模型,如表 1-2 所示,并详细给出了相关研究的试验材料和试验条件。由于部分研究给出的非线性部分蠕变模型过于复杂,或不能给出显性方程,或包含多个本构方程,因此采用本构方程的形式予以替代。对于常参数蠕变模型与非线性元件的组合蠕变模型,叠加原理是成立的,因此将表 1-2 给出的常参数蠕变模型和非线性部分[242-269]求解得到的蠕变模型相加,即可得到该研究的非线性黏弹塑性蠕变模型。由表可知,较多的研究采用四元件以上的组合元件模型来描述岩石的黏弹性或黏弹塑性,再将其与非线性部分叠加以描述岩石的黏弹塑性及其在加速蠕变阶段表现出的非线性。在非线性元件的构建上,较多的研究基于徐卫亚和杨圣奇等的成果进行了扩展[250-253]。

表 1-2 有关岩石的非线性黏弹塑性蠕变模型

年份	试验材料	试验条件	常参数蠕变模型	非线性部分	非线性方程种类	研究团队
1985	—	三点弯曲蠕变	三元件黏弹性	$\varepsilon(t) = \dfrac{\sigma - \sigma_s}{h}\left[e^{\frac{h}{\eta}(t-t_s)} - 1\right] + \dfrac{\sigma - \sigma_s}{\eta}t_s$	蠕变方程	余启华[242]
1991	砂岩	单轴蠕变	一元件弹性	$\varepsilon(t) = \dfrac{A(\sigma - \sigma_s)t}{E\left[B + \left(1 - \dfrac{\sigma - \sigma_s}{\sigma_{1c}}A\right)t\right]}$	蠕变方程	宋德彰和孙钧[243]
1996	黏土	常规三轴蠕变	五元件黏弹性	$\varepsilon(t) = \left(\dfrac{\sigma - \sigma_s}{A_1}\right)^{B_1} + \left(\dfrac{\sigma - \sigma_s}{A_2}\right)^{B_2}$	蠕变方程	郑榕明等[244]
2001	—	—	四元件黏弹塑性	$\sigma - \sigma_{s1} = \eta_1\dot{\varepsilon}_1$ $\sigma - \sigma_{s2} = \eta_2\dot{\varepsilon}_2$	本构方程	邓荣贵等[245]
2002	—	—	三元件黏弹性	$\sigma - \sigma_s = \dfrac{A\eta}{At^2 + Bt + C}\dot{\varepsilon}$	本构方程	曹树刚等[246]

表 1-2(续)

年份	试验材料	试验条件	常参数蠕变模型	非线性部分	非线性方程种类	研究团队
2004	石膏角砾岩	常规三轴蠕变	四元件黏弹塑性	$\sigma - \sigma_{s1} = \eta_1 e^{-\lambda(\sigma - \sigma_{s1})} - C \dot{\varepsilon}_1$ $\sigma - \sigma_{s2} = (\eta_2 - \beta t)^2 \dot{\varepsilon}_2$	本构方程	宋飞等[247]
2005	花岗岩	单轴蠕变	三元件黏弹性	$\sigma = \eta \exp\left[-A\left(\dfrac{S}{S_p} - 1\right)(t - t_0)\right] \dot{\varepsilon}$	本构方程	张贵科和徐卫亚[248-249]
2005	绿片岩	常规三轴蠕变	五元件黏弹性	$\varepsilon(t) = \dfrac{\sigma - \sigma_s}{\eta} t^{n_c}$	蠕变方程	徐卫亚和杨圣奇等[250-253]
2007	淤泥质粉质黏土	常规三轴蠕变	一元件弹性	$\varepsilon(t) = \dfrac{\sigma}{\zeta} \dfrac{t^\beta}{\Gamma(1+\beta)}, (0 \leqslant \beta \leqslant 1)$	蠕变方程	殷德顺等[254-255]
2007	—	—	三元件黏弹性	$\sigma - \sigma_s = h\varphi(t) + gc(t) + \eta\dot{\varepsilon}$	本构方程	杨圣奇等[256]
2007	砂板岩、大理岩	常规三轴蠕变	五元件黏弹塑性	$\sigma - \sigma_s = A(\dot{\varepsilon})^{\frac{1}{Bt+C}}$	本构方程	蒋昱州等[257]
2007	泥板岩	剪切流变	五元件黏弹塑性	$\varepsilon(t) = \dfrac{\tau}{G}\left[1 - e^{-\left(\frac{t-t_s}{t_f-t_s}\right)^{n_c}}\right]$	蠕变方程	杨圣奇等[258]
2007	红砂岩粗粒土	单轴蠕变	四元件黏弹性	$\varepsilon(t) = \dfrac{\sigma - \sigma_s}{\eta} \dfrac{A + Bt}{t}$	蠕变方程	陈晓斌等[259]
2008	煤	常规三轴蠕变	三元件黏弹性	$\sigma - \sigma_s = \dfrac{C\eta}{At^2 - Bt + C} \dot{\varepsilon}$	本构方程	尹光志等[260-261]
2008	相似材料	模型试验	四元件黏弹塑性	$\sigma - \sigma_s = \dfrac{\eta}{At^2 + Bt + C} \dot{\varepsilon}$	本构方程	陈浩等[262]
2009	砂岩	常规三轴蠕变	五元件黏弹塑性	$\varepsilon(t) = \dfrac{\sigma - \sigma_s}{\eta} (t - t_s)^{n_c}$	蠕变方程	李良权等[263]
2012	绿片岩	常规三轴蠕变	一元件弹性	$\varepsilon(t) = \dfrac{\sigma}{\zeta} \dfrac{t^\beta}{\Gamma(1+\beta)}, (0 \leqslant \beta \leqslant 1)$ $\varepsilon(t) = \dfrac{\sigma - \sigma_s}{\eta} t^{n_c}$	蠕变方程	宋勇军等[264]
2012	砂岩	常规三轴蠕变	五元件黏弹塑性	$\varepsilon(t) = \dfrac{\sigma}{2\eta} (t - t_s)^2$	蠕变方程	齐亚静等[265]

表 1-2(续)

年份	试验材料	试验条件	常参数蠕变模型	非线性部分	非线性方程种类	研究团队
2012	泥岩	常规三轴蠕变	四元件黏弹性	$\varepsilon(t)=\dfrac{\sigma-\sigma_s}{2\eta}\dfrac{1}{At+B}$	蠕变方程	李亚丽等[266]
2014	砂岩	常规三轴蠕变	四元件黏弹性	$\varepsilon(t)=\dfrac{\sigma-\sigma_s}{\eta}(t^{n_c}+A\ln n_c t)$	蠕变方程	蒋海飞等[267]
2014	花岗岩	剪切流变	六元件黏弹塑性	$\varepsilon(t)=\dfrac{\tau}{\eta}(t-A)^2$	蠕变方程	王新刚等[268]
2017	砂岩	常规三轴蠕变	四元件黏弹性	$\varepsilon(t)=(\sigma-\sigma_s)\left[\dfrac{1}{E}(1-\mathrm{e}^{\frac{E}{\eta_1}t})+\dfrac{t^{n_c}}{\eta_2}\right]$	蠕变方程	刘东燕等[269]

综上所述,国内外众多学者对胶结充填体的研究从各个角度进行了大量的探索工作,取得了丰富的研究成果,但在以下几个方面仍需展开进一步的研究。

(1)关于胶结充填体的力学特性,国内外许多研究是在单轴压缩试验条件下完成的基本力学特性分析,较少探讨三向受压应力状态下胶结充填体的力学特性。另外,骨料颗粒粒径跨度的巨大差异、各粒径区间颗粒质量分布及试验条件的多样性,造成试验结果的巨大差异,难以量化骨料颗粒粒径分布与胶结充填体力学强度的关系。因此,涉及围压、胶结材料含量和骨料颗粒粒径分布等多因素耦合作用下胶结充填体的力学特性也未得到深入研究,更没有探讨胶结充填体承载过程中表现出的扩容变形。

(2)有关岩土材料声发射响应特征的研究大多集中于岩石和混凝土材料,可以明确其不同承载阶段所表现出的声发射响应特征及其所表征的损伤演化。但胶结充填材料与岩石和混凝土材料不同,它是一种弱胶结质材料,材料和外载的差异严重影响胶结充填体承载过程中的损伤演化。笔者及课题组人员对胶结充填体的声发射响应特征进行了探索研究[270],发现胶结充填体承载过程中的声发射活跃期随着材料和外载的改变出现不同程度的提前。但是,目前尚未系统研究胶结充填体承载过程中的声发射响应特征,没有明确材料和外载差异对其声发射响应特征的影响规律。

(3)对胶结充填体细观结构演变的模拟研究仍然停滞在二维层面,二维层面的研究进展也与其成体系的力学特性研究进展相去甚远,且鲜有开展与 5 个影响方面相对应的三维细观结构模拟分析,进而对相关影响因素下胶结充填体的细观结构演变规律认识不足。尽管有关岩石细观结构模拟的研究在二维和三维层面均取得了长足发展,但主要关注节理、预制裂隙和外载等的影响,在模拟过程中一般不会考虑胶结材料的作用和骨料颗粒的粒径分布,而这却是开展胶结充填体细观结构模拟的关键。

（4）有关胶结充填体超声波特性的研究大多考虑胶结材料（种类、含量和含水量等）、辅助添加材料（纳米材料、生物质材料、聚合物、碱性矿物和吸水物质等）和环境条件（养护温度、养护时间和腐蚀环境等）等因素的影响,普遍认为生成更多、更致密水化产物的结构具有更优越的超声波特性。然而,骨料颗粒的粒径分布不会影响胶结材料的水化过程和水化产物,关于骨料颗粒粒径分布对胶结充填体微观结构特征和超声波特性的影响均未得到深入研究,不清楚胶结充填体超声波脉冲速度与骨料颗粒粒径分布间的内在关系;且大量研究采用超声波技术预测胶结充填体的单轴抗压强度,该技术是否可用于预测三向受压应力状态下胶结充填体的强度参数没有得到验证。

（5）关于胶结充填体蠕变特性的研究仍很匮乏,其工程应用大多是沿用或借鉴深部岩石（体）蠕变特性的相关研究成果,而没有充分考虑胶结充填体的内在结构和材料组分等影响因素。即使是在单轴蠕变条件下,现有研究也无法给出胶结充填体蠕变特征在不同胶结材料、骨料颗粒、辅助添加材料、孔隙结构和环境条件等 5 个方面的差异,没有系统讨论内在影响因素对蠕变模型参数的影响规律。而对于三向受压应力状态下胶结充填体的蠕变特性则知之更少,现有丰硕的岩石蠕变特性的相关研究成果能否直接应用于胶结充填体需要进一步验证。

1.3　研究内容与技术路线

1.3.1　主要研究内容

本书综合运用试验测试、理论分析和数值模拟等方法对胶结充填体的宏细观力学特性及蠕变模型展开系统研究,主要研究内容如下:

（1）试验材料的基本性质和胶结充填体试样的制备方法

测试矸石骨料和水泥的物理化学特性,设计胶结充填体试样的制作装置。考察胶结充填材料的现场应用条件,确定胶结充填体试样的制作方法和配制方案。

（2）胶结充填体的力学特性和声发射响应特征

利用电液伺服岩石力学试验系统和声发射监测系统开展胶结充填体的单轴压缩、常规三轴压缩和声发射监测试验,探讨围压、胶结材料含量和骨料颗粒粒径分布对胶结充填体应力应变行为、体积应变、扩容变形、声发射响应特征、扩容起始应力和抗压强度的影响规律。建立胶结充填体抗压强度与围压、胶结材料含量和骨料颗粒粒径分布的关系，分析多因素耦合作用下胶结充填体抗压强度的变化规律。

（3）胶结充填体的微观结构分析和颗粒流数值模拟

采用电子显微镜观察胶结充填体的微观结构，探讨胶结材料含量和骨料颗粒粒径分布对胶结充填体微观结构的影响规律。利用颗粒流软件 PFC^{3D} 建立胶结充填体的数值计算模型，再现不同围压、胶结材料含量和骨料颗粒粒径分布下胶结充填体承载过程中的裂纹演化和颗粒破坏。揭示围压、胶结材料含量和骨料颗粒粒径分布对胶结充填体结构及力学特性的影响机制。

（4）胶结充填体的超声波响应特征及抗压强度预测模型

基于胶结充填体的超声波探测试验，分析胶结材料含量和骨料颗粒粒径分布对胶结充填体超声波脉冲速度的影响规律。建立胶结充填体抗压强度与超声波脉冲速度的关系，提出一种胶结充填体抗压强度的预测模型，并评估不同试验条件下该预测模型的可靠性。

（5）胶结充填体的蠕变特性及蠕变本构模型

采用电液伺服岩石力学试验系统对胶结充填体开展单轴压缩和常规三轴压缩下的分级蠕变试验，探讨围压、胶结材料含量和骨料颗粒粒径分布对胶结充填体蠕变特征的影响规律。选择合适的黏弹性蠕变模型描述胶结充填体的黏弹性特征，在此基础上建立合理的黏弹塑性蠕变模型描述胶结充填体的黏弹塑性特征，并明确模型参数的物理意义。构建一种先进的算法对上述模型参数进行优化，采用该算法对试验结果进行辨识，验证该模型的合理性和有效性，并分析围压、胶结材料含量和骨料颗粒粒径分布对模型参数的影响规律。研究胶结充填体的蠕变损伤机理，基于所建立的蠕变模型推导出一种考虑损伤的黏弹塑性蠕变模型。

（6）充填开采对岩层移动和地表沉陷的影响研究

利用有限差分软件 FLAC^{3D} 对煤层开采-充填过程进行模拟，探讨胶结充填体骨料颗粒粒径分布和开采-充填距离对煤层顶板下沉位移、胶结充填体内部应力和工作面超前支承应力的影响规律，得最优充填效果的胶结充填材料。模拟分析该最优胶结充填体蠕变条件下上覆关键岩层和地表沉陷的时变演化规律。

1.3.2　技术路线

本书以室内试验研究为主，结合理论分析和数值模拟对胶结充填体的宏细观力学特性及蠕变模型开展研究，具体研究技术路线如图 1-6 所示。

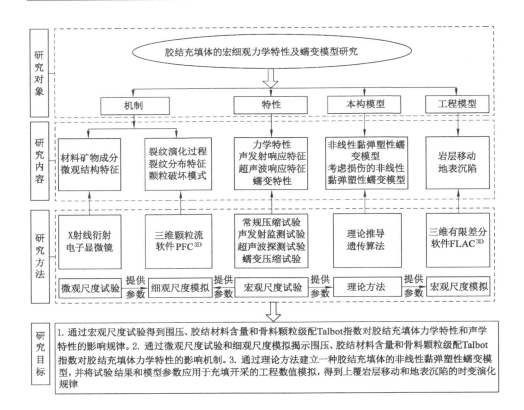

图 1-6　研究技术路线

（1）通过单轴压缩、常规三轴压缩和声发射监测试验研究胶结充填体的力学特性和声发射响应特征。

（2）采用电子显微镜观察胶结充填体的微观结构，利用 PFC[3D] 模拟胶结充填体的细观结构演变规律，揭示胶结充填体力学特性的相关影响机制。

（3）通过超声波探测试验研究胶结充填体的超声波特性，基于胶结充填体抗压强度与超声波脉冲速度的关系建立其抗压强度的预测模型。

（4）通过单轴压缩和常规三轴压缩下的分级蠕变试验研究胶结充填体的蠕变特性，基于试验结果建立胶结充填体的蠕变模型，并构建遗传算法对所建立模型参数进行优化。基于胶结充填体蠕变过程中的声发射信号建立其损伤演化方程，将损伤变量引入所建立的蠕变模型，推导出考虑损伤的蠕变模型。

（5）根据试验结果，利用 FLAC[3D] 模拟煤层开采-充填和胶结充填体蠕变的过程。

1.4　主要创新点

（1）通过单轴压缩、常规三轴压缩和声发射监测试验研究了围压、胶结材料含量和骨料颗粒级配 Talbot 指数对胶结充填体扩容特征参量、声发射响应特征和抗压强度的影响规律。建立了含 8 个决策参量的胶结充填体抗压强度随围压、胶结材料含量和骨料颗粒级配 Talbot 指数变化的关系表达式，并构建了优化决策参量的遗传算法，继而实现了围压、胶结材料含量和骨料颗粒级配 Talbot 指数对胶结充填体抗压强度耦合影响的空间（四维空间）可视化。

（2）利用 PFC[3D] 软件建立了胶结充填体的三维颗粒流数值模型，模拟再现了单轴压缩和常规三轴压缩条件下胶结充填体的裂纹演化和颗粒破坏，并分析了围压、胶结材料含量和骨料颗粒级配 Talbot 指数对裂纹总数、裂纹分布和颗粒破坏模式的影响规律。

（3）通过超声波探测试验研究了胶结充填体的超声波响应特征，分析了胶结材料含量和骨料颗粒级配 Talbot 指数对胶结充填体超声波脉冲速度的影响规律，建立了胶结充填体抗压强度与超声波脉冲速度的关系，提出了胶结充填体抗压强度的预测模型。

（4）建立了一种由非线性黏壶、黏塑性体和 Burgers 体串联的胶结充填体非线性黏弹塑性蠕变模型，构建了优化该蠕变模型中 7 个决策参量的遗传算法，并推导了该蠕变模型的三维形式。分析了蠕变引起胶结充填体损伤的机理，提出了一种考虑损伤的非线性黏弹塑性蠕变模型。

（5）采用 FLAC[3D] 软件模拟了煤层的充填开采过程，得到了满足最优充填效果的胶结充填材料的骨料颗粒级配 Talbot 指数，并对该最优胶结充填体蠕变条件下的数值模型进行了模拟，研究了煤层上覆关键岩层和地表沉陷的时变演化规律。

2 试验材料基本性质和胶结充填体
试样制备方法

胶结充填材料是一种多孔介质材料,由胶结材料经水化反应生成水化产物并包裹骨料颗粒形成;因而材料的物理化学特性严重影响胶结充填体的力学特性和结构性能,包括胶结材料中 CaO 和 SiO_2 等的含量、骨料颗粒中 SiO_2 的含量及其是否含有影响胶结材料水化反应的有害元素(硫元素)等[271-273]。同时,在采用胶结充填材料对采空区进行充填时,需要充分考虑材料的流动性、可加工性和现场条件等[274-275]。因此,本章对胶结材料和骨料颗粒等试验材料开展基本物理化学特性测试,设计胶结充填体试样的制作装置,介绍该试样的制备方法和方案,为开展后续研究提供基础。

2.1 试验材料物理化学特性

试验采用煤矸石作为胶结充填体的骨料颗粒,岩性为砂岩,密度为 2.55 g/cm^3。采用复合硅酸盐水泥(PCC 32.5R)作为胶结充填体的胶结材料,密度为 3.17 g/cm^3。

胶结充填材料的化学成分严重影响胶结充填体的力学稳定性,因此有必要了解试验材料的化学成分。将矸石和水泥样品加工成尺寸小于 0.04 mm 的颗粒,并以 50 ℃温度烘干。采用 D8 Advance 衍射仪以 0.019 5°的步长在 4°～75°的 2θ 范围内对矸石和水泥进行 X 射线衍射测试,测试结果如表 2-1 和表 2-2所示。

表 2-1 矸石的主要化学成分

化学成分	百分率/%	化学成分	百分率/%
Al_2O_3	13.21	K_2O	0.02
CaO	3.91	MgO	2.87
Fe	3.69	SiO_2	67.75

表 2-2 水泥的主要化学成分

化学成分	百分率/%	化学成分	百分率/%
Al_2O_3	4.67	Na_2O	0.21
CaO	62.19	SiO_2	21.56
Fe_2O_3	3.69	SO_3	1.91
K_2O	0.68	TiO_2	0.16
MgO	2.87	Na_2O	0.21

需要注意的是,在研究骨料颗粒粒径分布对胶结充填体力学特性和结构性能的影响时,必须考察骨料颗粒是否含有可以劣化胶结材料水化过程和水化产物的成分。具有不同粒径分布的骨料颗粒具有不同的比表面积,比表面积大的骨料颗粒更容易释放出有害元素,加速胶结材料水化过程和水化产物的恶化,从而影响试验结果。最典型的就是硫元素的存在导致酸和硫酸盐的形成,酸和硫酸根离子与水化产物氢氧化钙 C-H 和硅酸钙水合物 C-S-H 反应生成膨胀相硫酸钙 $CaSO_4$,导致胶结充填体结构稀疏多孔,极大地劣化其力学稳定性。在表 2-1 中,没有发现本研究采用的矸石含有这样的有害元素,并且富含 SiO_2(67.75%),可以为骨料提供足够的强度。在表 2-2 中,水泥含有丰富的 SiO_2(21.56%)和 CaO(62.19%),可以为胶结充填体提供足够的强度和稳定性。

2.2　胶结充填体试样制作装置

根据以往的研究和经验,胶结充填体试样通常在塑料模具或缸筒中制作,在制样过程中往往会在模具的内表面涂抹脱模剂,或采用橡皮锤敲击取样,或采用液压拉马将试样压出模具,由此对胶结充填体试样造成初始损伤,并增大试验结果的离散性[82]。

为了解决这些困难,笔者设计了一套胶结充填体试样制作装置[83],如图 2-1 所示,主要包括缸筒、上顶板、下底板、侧向固定装置和螺栓。缸筒设计为可以直接拼接的两部分,采用侧向固定装置将缸筒夹紧以制作 φ50 mm×100 mm 的圆柱形试样,在拼接处设计了凹槽以防止水或浆液等材料在缸筒处于闭合状态时的流失。在对胶结充填体试样进行取样时,该缸筒可以直接拆开为两部分,不会对试样造成初始损伤,这样就可以实现胶结充填体试样的无损取样。上顶板和下底板的中央均设计了凸起的直径为 50 mm 的圆柱,在圆柱底部可以套上 50 mm 的橡胶套以确保缸筒处于闭合状态时水或浆液等材料不会从上顶板和下底板的缝隙处流出。对整个装置进行了防腐蚀处理和光滑处理,这样也不需要在模具的内表面涂抹脱模剂,避免了脱模剂对水泥等胶结材料水化过程的影响。

上顶板

侧向固定装置

圆柱

下底板

（a）闭合状态　　　　　　　　（b）开启状态

图 2-1　胶结充填体试样制作装置

2.3　胶结充填体试样制备方法和配制方案

骨料颗粒尺寸与试样尺寸之间的合理匹配是圆柱形胶结试样试验的难点[276-278],为了消除骨料颗粒尺寸效应对试验结果的影响,美国材料与试验协会（American Society for Testing Materials,简称 ASTM）规定圆柱形试样的最小直径必须达到试样内最大骨料颗粒尺寸的 3 倍以上,一些学者认为试样直径应为骨料颗粒最大直径的 5 倍以上[279-280]。根据美国材料与试验协会和国际岩石力学学会（International Society for Rock Mechanics and Rock Engineering,简称 ISRM）的建议,制作径高比为 1：2 的 $\phi50$ mm×100 mm 圆柱形胶结充填体试样[281]。因此,试样中最大骨料颗粒允许的直径应小于 10 mm。将矸石岩块破碎并筛分为 7 个粒径区间 0.0～0.5 mm、0.5～1.0 mm、1.0～1.5 mm、1.5～2.5 mm、2.5～5.0 mm、5.0～8.0 mm 和 8.0～10.0 mm 的岩石颗粒,这 7 个粒径区间中的颗粒质量比为[$M_1：M_2：M_3：M_4：M_5：M_6：M_7$]。为了探讨骨料颗粒粒径分布对胶结充填体力学特性和结构性能的影响,并获得最佳骨料颗粒粒径分布,需要对不同质量比[$M_1：M_2：M_3：M_4：M_5：M_6：M_7$]的胶结充填体试样进行试验。这样就需要制作极大量级的胶结充填体试样,且需要在七维空间（$M_1,M_2,M_3,M_4,M_5,M_6,M_7$）中搜索试样力学强度的最优值,由此造成维数灾难。为了克服这一困难,采用 Talbot 级配理论描述骨料颗粒的粒径分布;而且 Talbot 级配理论简单便捷,已广泛应用,可以用于描述岩土颗粒的粒径分布[282]。根据 Talbot 级配理论，试样中粒径小于等于 d_i 的骨料颗粒质量 M_i 与总质量 M_t 的比值 P_i 为：

$$P_i = \frac{M_i}{M_t} = \left(\frac{d_i}{d_{max}}\right)^n \tag{2-1}$$

式中：d_{max} 为骨料颗粒的最大粒径；n 为骨料颗粒级配 Talbot 指数。

根据式（2-1），粒径介于（d_1, d_2）区间的骨料颗粒质量 $M_{d_1}^{d_2}$ 为：

$$M_{d_1}^{d_2} = \left[\left(\frac{d_2}{d_{max}}\right)^n - \left(\frac{d_1}{d_{max}}\right)^n\right]M_t \tag{2-2}$$

根据式（2-2），可以得到不同级配 Talbot 指数各粒径区间骨料颗粒的质量，如表 2-3 所示。在本项研究中，所有骨料颗粒均按照表 2-3 配制。

表 2-3 不同级配 Talbot 指数各粒径区间骨料颗粒的质量

n	各粒径区间骨料颗粒的质量/g						
	0.0～0.5 mm	0.5～1.0 mm	1.0～1.5 mm	1.5～2.5 mm	2.5～5.0 mm	5.0～8.0 mm	8.0～10.0 mm
0.2	164.78	24.51	15.99	22.08	33.81	25.74	13.09
0.4	90.51	28.92	21.03	31.84	55.05	47.03	25.62
0.6	49.72	25.64	20.76	34.47	67.34	64.48	37.59
0.8	27.31	20.23	18.22	33.20	73.34	78.65	49.05

在图 2-2 给出的不同级配 Talbot 指数骨料颗粒质量分布中，容易发现级配 Talbot 指数越小的骨料颗粒所含有的小颗粒含量越大，对应的大颗粒含量则越小。图 2-3 则给出了不同级配 Talbot 指数骨料颗粒级配曲线，试验值服从 Talbot 级配的理论值，可以采用级配 Talbot 指数的数值量化骨料颗粒粒径分布的影响，级配 Talbot 指数越小表征骨料颗粒越细，反之则越粗。

在生产胶结充填材料的过程中还必须考虑其流动性，这涉及在工程中的运输性能和工作效率。Belem 和 Benzaazoua[104]研究表明当浆料坍落度达到 180 mm 左右，胶结充填材料已可以保证足够的流动性，但此时浆料内过多的水含量对强度发展并不利。并且过高的水灰比（水与胶结材料的比例）会导致胶结材料初凝和终凝时间的延长[105]，这也严重影响胶结充填材料的工程应用，同时还会降低胶结充填体的力学特性和结构稳定性。因此，根据文献[106-107]的结果，在本研究中，将水灰比设定为 0.75（3∶4）。

在煤矿充填开采（综合机械化长壁开采）中，即使在使用液压支架来支撑煤层顶板的情况下，胶结充填体也在短时间内承受煤层顶板的作用[3,9,283]；因此，胶结充填体的早期力学特性和结构稳定性引起了人们的关注[130,133,284]。在本研

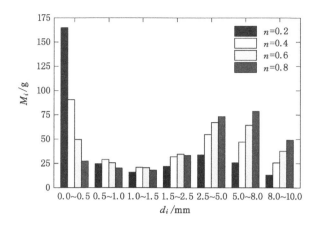

图 2-2　不同级配 Talbot 指数骨料颗粒质量分布

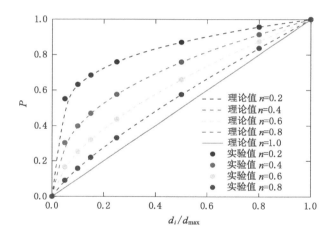

图 2-3　不同级配 Talbot 指数骨料颗粒级配曲线

究中,胶结充填体试样的养护时间设定为 7 d,以研究其早期力学特性和结构稳定性。

在确定了以上这些试验参数后,设计了 4 个骨料颗粒级配 Talbot 指数和 4 个胶结材料含量,以研究骨料颗粒粒径分布和胶结材料含量的影响及其耦合作用。按照表 2-4 给出的胶结充填体试样配制方案,首先使用搅拌器将水泥和水混合 10 min 以形成均匀的浆液,然后将制备好的骨料颗粒与该浆液搅拌 10 min 以形成均匀的浆料,然后倒入胶结充填体试样制作装置中。再将整个装置固定在高频振动台上,振动 5 min 以消除浆料中的气泡并优化试样的均匀性。待试样终凝成形后,取出试样置于养护箱中,保持 95% 的湿度和 25 ℃ 的温度养护 7 d。尽管试样是在具有刚性边界的装置中制作的,仍然需要检查其非平行度和非垂直度,并控制在 ±0.02 mm 以内,不满足试验要求的试样必须舍去。然后取出完成养护的试样,立即进行试验。

表 2-4   胶结充填体试样配制方案

n	胶结材料含量/g	含水量/mL	水灰比	养护时间/d
0.2	30	22.5	0.75	7
0.2	40	30.0	0.75	7
0.2	50	37.5	0.75	7
0.2	60	45.0	0.75	7
0.4	30	22.5	0.75	7
0.4	40	30.0	0.75	7
0.4	50	37.5	0.75	7
0.4	60	45.0	0.75	7
0.6	30	22.5	0.75	7
0.6	40	30.0	0.75	7
0.6	50	37.5	0.75	7
0.6	60	45.0	0.75	7
0.8	30	22.5	0.75	7
0.8	40	30.0	0.75	7
0.8	50	37.5	0.75	7
0.8	60	45.0	0.75	7

2.4   本章小结

本章测试了制作胶结充填体原材料的物理化学特性,设计了一种胶结充填体试样的制作装置,介绍了胶结充填体试样的制备方法和配制方案。主要结论如下:

(1) 测试了矸石骨料和水泥的密度和化学成分,矸石骨料富含 SiO_2,水泥含有丰富的 Ca、Si 元素,可以为胶结充填体提供足够的强度和稳定性。在探讨骨料颗粒粒径分布对胶结充填体力学特性和结构性能的影响时,应排除骨料颗粒含有高硫化物所带来的影响。

（2）设计了一种可对胶结充填体试样进行无损取样的制作装置，主要包括缸筒、上顶板、下底板、侧向固定装置和螺栓，并详细介绍了该装置的优点和使用方法。

（3）确定了骨料颗粒粒径与试样尺寸的合理匹配，采用 Talbot 级配理论描述矸石骨料颗粒的粒径分布，设计了胶结充填材料的水灰比和养护条件，详细介绍了胶结充填体试样的制备方法和配置方案。

3　胶结充填体力学特性和
声发射响应特征

　　胶结充填材料经夯实-胶凝-固化后形成胶结充填体,其力学特性直接决定充填效果;因此,较多学者从胶结材料、骨料颗粒、辅助添加材料、孔隙结构和外在环境条件等 5 个方面对胶结充填体的力学特性进行了系统的研究。但研究大多是在单轴压缩试验条件下完成的,较少探讨三向受压应力状态下胶结充填体的力学特性。另外,在骨料颗粒粒径分布方面,Ke 等[72]通过试验发现骨料颗粒细度的增大可以提高胶结充填体的单轴抗压强度。然而,Ercikdi 等[66]、Fall等[73]、Kesimal 等[78]、Sari 等[79]却认为胶结充填体存在一个最优的骨料颗粒粒径分布。Fall、Kesimal 和 Ercikdi 等均采用细度描述该粒径分布,通过试验得到的最优细度分别为 35%、25% 和 27.7%;Sari 等则采用表格配比的形式给出了其最优骨料颗粒粒径分布为"Grade2"。此外,还有杨啸等[74]通过试验表明平均粒径小的胶结充填体早期强度较高,而平均粒径大的则更利于提高胶结充填体的后期强度。骨料颗粒粒径跨度的巨大差异、各粒径区间颗粒质量分布及试验条件的多样性,造成试验结果的巨大差异,难以量化骨料颗粒粒径分布与胶结充填体力学强度的关系;而涉及围压、胶结材料含量和骨料颗粒粒径分布等多因素耦合作用下胶结充填体的力学特性也未得到深入研究。

　　因此,本章利用 MTS815 电液伺服岩石力学试验系统和 AE21C 声发射监测系统开展胶结充填体的单轴压缩、常规三轴压缩和声发射监测试验,探讨围压、胶结材料含量和骨料颗粒粒径分布对胶结充填体应力应变行为、体积应变、扩容变形、声发射响应特征、扩容起始应力和抗压强度的影响规律,得到胶结材料含量和骨料颗粒粒径分布与胶结充填体黏聚力和内摩擦角的关系。构建一种优化胶结充填体抗压强度与多因素耦合关系的遗传算法,分析多因素耦合作用下胶结充填体抗压强度的变化规律。

3.1 胶结充填体单轴压缩、常规三轴压缩和声发射监测试验

3.1.1 试验设备

胶结充填体的单轴压缩试验和常规三轴压缩试验均在 MTS815 电液伺服岩石力学试验系统上完成,该试验系统可提供的最大轴向压力为 4 600 kN,最大围压为 140 MPa,框架刚度为 10.5×10^9 N/m,伺服阀灵敏度为 290 Hz,最小采样间隔可达 50 μs,轴向加载速率可控制在 $10^{-5} \sim 1$ mm/s 内,疲劳频率为 $0.001 \sim 0.5$ Hz。

采用 AE21C 声发射监测系统对试样承载过程中释放的声发射信号进行监测,该监测系统采用压电陶瓷声发射传感器,共振频率为 140 kHz,增益和阈值为 35 dB,冲击时间为 50 μs,冲击间隔为 300 μs,采集速率为 100 ms/次。

在单轴压缩试验中,声发射传感器可直接紧贴于试样表面以获得声发射信号;但在常规三轴试验中,三轴液压缸需要降至 MTS815 系统的底座并封闭,在试样与液压缸之间充满了液压油。在以往的研究中,声发射传感器被固定在三轴液压缸的外表面以获得声发射信号。试样破裂损伤产生的声发射信号需要穿过大约 100 mm 厚度的液压油和 100 mm 厚度的高强缸壁才能被声发射传感器获得,并且不能排除声发射信号在三轴液压缸内发生散射的情况,这极大地弱化了声发射信号[285-286]。为此,将 MTS815 的底座进行改造,如图 3-1 所示,将声发射传感器内置于底座内部与试样底部直接相连,这样就避免了声发射信号在常规三轴试验中的劣化。

3.1.2 试验方法和方案

在制作好的胶结充填体试样末端面与 MTS815 压头之间涂抹凡士林,以确保两端面的完全接触和消除信号传输介质之间的空化现象,这样可以提供压头与试样端面之间的完美耦合以提高声发射信号的准确性。然后将压头与试样固定在 MTS815 底座上,连接环向引伸计以测量试样承载过程中的环向应变,并控制 MTS815 系统对试样施加 0.25 kN 的预应力。在单轴压缩试验中,按准静态速率 0.002 mm/s 对胶结充填体试样进行位移加载,同时启动 AE21C 声发射监测系统。在常规三轴压缩试验中,对试样施加完预应力后,需要先按 0.04 MPa/s 的速率加载围压至设定值,然后保持围压恒定,再以 0.002 mm/s 的速率对试样进行位移加载,轴向位移加载的同时启动 AE21C 声发射监测系统[287]。设置 MTS815 系统的采样间隔为 0.5 s,AE21C 系统的

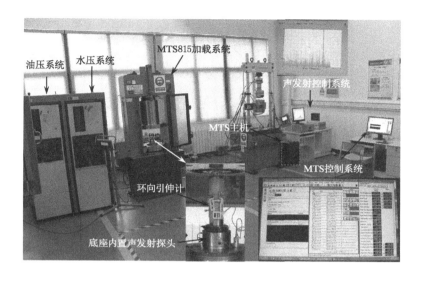

图 3-1　MTS815 电液伺服岩石力学试验系统和 AE21C 声发射监测系统

采样间隔为 1 s。

表 3-1 给出了试验方案,围压设定为 0.0 MPa(单轴)、0.5 MPa、1.0 MPa 和 2.0 MPa,对每一围压下 4 种胶结材料含量和 4 种骨料颗粒级配 Talbot 指数的 16 种试样进行压缩试验。图 3-2 给出了部分胶结充填体试样,相同配比的试样预制 3~4 个用于确定试验结果的离散性,总共 208 个胶结充填体试样用于单轴压缩、三轴压缩和声发射试验。

表 3-1　胶结充填体单轴压缩、三轴压缩和声发射试验方案

围压 σ_3/MPa	胶结材料含量 m/g	骨料颗粒级配 Talbot 指数 n
0.0(单轴)	30、40、50、60	0.2、0.4、0.6、0.8
0.5	30、40、50、60	0.2、0.4、0.6、0.8
1.0	30、40、50、60	0.2、0.4、0.6、0.8
2.0	30、40、50、60	0.2、0.4、0.6、0.8

图 3-2　胶结充填体试样

3.2　胶结充填体应力应变行为与声发射响应特征

为了探讨围压、胶结材料含量和骨料颗粒粒径分布对胶结充填体力学特性的影响,首先需要了解其承载过程中全程应力-应变演化特征。图 3-3 给出了典型水泥胶结试样的应力-应变曲线,将其承载过程分为 5 个阶段[288],其中 o 为应力-应变曲线的起始点,c_c 为弹性变形的初始点,c_i 为弹性变形的终点,c_d 为扩容起始点,c 为峰值点[289]。

(1) 孔隙压密 o-c_c 阶段:轴向应力-轴向应变曲线呈上凹形,具有显著的初期非线性变化特征,环向应变基本保持不变,体积应变与轴向应变近似相等。普遍认为在该阶段内只存在一些原生裂缝和孔隙的压密闭合[290-291]。

(2) 弹性变形 c_c-c_i 阶段:所有的应力-应变曲线均呈线性变化特征。需要注意的是,Cai 等[289]认为该阶段的末端点为裂纹萌生阈值点。

(3) 裂纹萌生和稳定扩展 c_i-c_d 阶段:当前应力达到裂纹萌生阈值点后,试样内已经闭合的原生裂隙、孔隙及新生裂纹开始张开和扩展,使得轴向应力-轴向应变曲线偏离线性变化,环向应变也逐渐增大。关系 $\varepsilon_1 > |\varepsilon_2 + \varepsilon_3|$ 逐渐转变为 $\varepsilon_1 = |\varepsilon_2 + \varepsilon_3|$,由此体积应变增大的速率开始减缓。

(4) 裂纹损伤和非稳定扩展 c_d-c 阶段:扩容起始点 c_d 也称之为裂纹损伤点,认为在该点之后,试样内的裂纹扩展已不可控[292]。在该点处仍有关系 $\varepsilon_1 = |\varepsilon_2 + \varepsilon_3|$ 恒成立,并且此时试样的体积应变为整个承载过程中的最大值。在此点之后,关系 $\varepsilon_1 < |\varepsilon_2 + \varepsilon_3|$ 恒成立,试样环向应变迅速增大,且其增

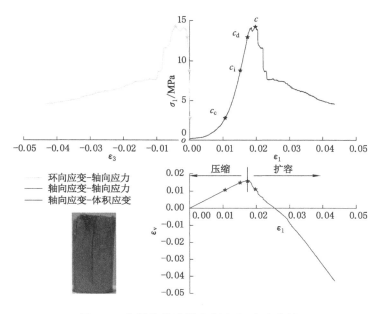

图 3-3 水泥胶结试样全程应力-应变曲线

加速率明显高于轴向应变。由此试样体积应变开始减小,即试样变形由压缩转变为扩容。

（5）破坏阶段:在峰值点之后,试样破坏并表现出应变软化特征。

3.2.1 围压的影响

为了探讨围压对胶结充填体试样应力应变行为和声发射响应特征的影响,需要固定影响因素胶结材料含量和骨料颗粒粒径分布不变。以胶结材料含量为 60 g 和骨料颗粒级配 Talbot 指数为 0.6 的胶结充填体试样为例,其在不同围压下轴向应力-轴向应变曲线如图 3-4 所示。由图可知,无论在何种围压下,胶结充填体试样均经历了上述 5 个阶段。围压对胶结充填体应力-应变行为的影响主要表现在峰后阶段。

图 3-5～图 3-8 则给出了胶结充填体试样在不同围压下的轴向应力-轴向应变-环向应变-体积应变-声发射曲线。

由图 3-5～图 3-8 可知,当围压为 0.0 MPa（即单轴压缩）时,试样表现出明显的应变软化特征。当围压为 0.5 MPa 和 1.0 MPa 时,试样在达到屈服强度后,出现短暂的屈服平台,随着变形的增大应力也逐渐跌落。而在 2.0 MPa 围压下,试样出现明显的屈服平台并呈塑性流动状态,表现出应变硬化特征。

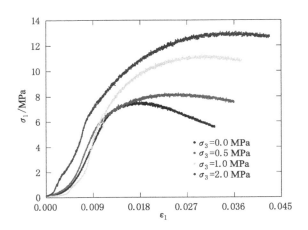

图 3-4　不同围压下胶结充填体试样的轴向应力-轴向应变曲线

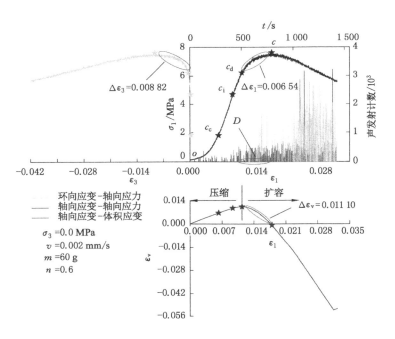

图 3-5　单轴压缩下胶结充填体试样的轴向应力-轴向应变-
环向应变-体积应变-声发射曲线

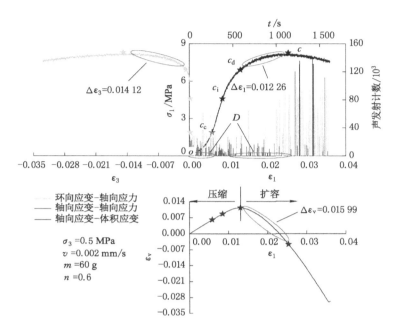

图 3-6　0.5 MPa 围压下胶结充填体试样的轴向应力-轴向应变-
环向应变-体积应变-声发射曲线

值得注意的是,围压对胶结充填体试样扩容特性造成的影响。试样在抗压强
度前存在一个最大体积应变点 c_d,在该点前体积应变变化方向与主应力方向
相同,因此试样被表征为压缩状态,在该点后体积应变变化方向与主应力方向
相反,因此试样被表征为扩容状态。通过比较图 3-5 和图 3-8 可以看出,围压
的存在增大了试样在扩容阶段 c_d-c 的承载能力。以体积应变变化为例,围压
为 0.0 MPa、0.5 MPa、1.0 MPa 和 2.0 MPa 下试样的体积应变变化量分别为
0.011 10、0.015 99、0.017 80 和 0.021 35,其体积应变变化量与围压呈正相
关关系。在这种体积持续膨胀的情况下,2.0 MPa 围压的试样仍可以保持足
够的承载能力。为了实现这种延性特征,材料必须同时具备两点,首先是新裂
纹的不断张开和扩展以促使材料持续变形,其次是原生缺陷(微孔洞、微裂缝
和弱胶结面)和已生成的裂纹需要持续的闭合摩擦,此时材料可依靠晶粒摩擦
或裂隙摩擦继续承载[293]。需要解释的是,在 2.0 MPa 围压下,试样的环向变形在
试验后期已经超过 MTS 环向引伸计的测量极限,导致其环向应变固定不变而使
试样的体积应变再一次开始增大,但这并不影响试验结果,如图 3-8 所示。

岩土材料内的黏结颗粒在荷载作用下断裂滑移生成裂纹,释放能量以产生声

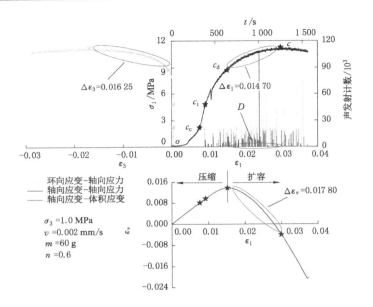

图 3-7   1.0 MPa 围压下胶结充填体试样的轴向应力-轴向应变-
环向应变-体积应变-声发射曲线

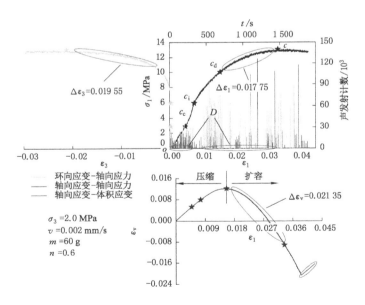

图 3-8   2.0 MPa 围压下胶结充填体试样的轴向应力-轴向应变-
环向应变-体积应变-声发射曲线

发射信号;因此,通过声发射信号可以有效地判断岩土材料的损伤程度。不同围压下胶结充填体试样在整个承载过程中呈现出不同的声发射分布特征。在0.0 MPa围压下,也即单轴压缩条件下,由声发射信号表征的损伤区域 D(声发射振铃计数高,分布密集)只分布在扩容起始点 c_d 后,如图3-5所示,认为在该点后才存在不可控的裂纹扩展,这与以往的研究[294-295]一致。值得注意的是,在0.5 MPa、1.0 MPa和2.0 MPa围压下,试样在孔隙压密 o-c_c 阶段就表现出活跃的声发射信号,如图3-6、图3-7和图3-8所示。其轴向应力-轴向应变曲线在该阶段仍表现为上凹的,通常认为压剪状态下的岩土材料在这个阶段中只发生一些原生裂隙及孔隙的压密闭合,少部分出现闭合裂隙的咬合摩擦而释放较小的声发射信号[296]。但这3个试样的声发射信号在孔隙压密 o-c_c 阶段出现多次大于1 000的数值,表明试样在承载初期即存在着频繁的黏结颗粒断裂滑移,这与文献[297-298]观察到的结果一致。研究认为该条件下的试样在围压加载过程中已压密大部分原生裂隙和孔隙,声发射的产生是由结构内部弱胶结面或弱黏结颗粒断裂造成的。在过扩容起始点 c_d 后,围压的存在导致断裂晶粒和裂隙之间更频繁的摩擦滑移,由此产生更活跃的声发射信号。

3.2.2 胶结材料含量的影响

为了探讨胶结材料含量对胶结充填体试样应力应变行为和声发射响应特征的影响,同样固定另外两影响因素围压和骨料颗粒粒径分布不变。以单轴压缩下骨料颗粒级配 Talbot 指数为0.6的胶结充填体试样为例,其在不同胶结材料含量下的轴向应力-轴向应变曲线如图3-9所示。由图可知,无论在何种胶结材料含量下,胶结充填体试样均经历了上述5个阶段。在单轴压缩条件下,所有的试样均表现出应变软化特征。

图3-10~图3-13给出了胶结充填体试样在不同胶结材料含量下的轴向应力-轴向应变-环向应变-体积应变-声发射曲线。由图可知,胶结材料含量更低的试样在峰后似乎具有更强的塑性变形能力,当然这与结构内部生成的水化产物相关。更值得关注的是胶结材料含量对试样在破坏前扩容变形的影响。以 c_d-c 阶段的体积应变变化量为例,胶结材料含量分别为30 g、40 g、50 g和60 g试样体积应变变化量分别为0.000 53、0.000 18、0.016 76和0.011 10。显然,胶结材料含量的增大强化了胶结充填体的扩容特性,这在以往的研究中并没有被发现。在胶结材料含量为30 g和40 g试样中,其扩容起始应力和抗压强度相差并不大,这意味着该种试样在发生扩容变形后会很快失稳破坏,如图3-10和图3-11所示。而胶结材料含量为50 g和60 g的试样在扩容变形发生后轴向应力仍可增长0.616 7 MPa和1.396 1 MPa,如图3-12和图3-13所示。

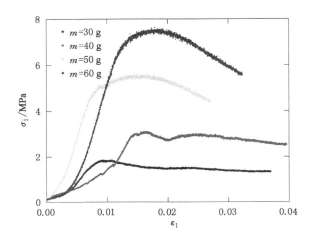

图 3-9　不同胶结材料含量下胶结充填体试样的轴向应力-轴向应变曲线

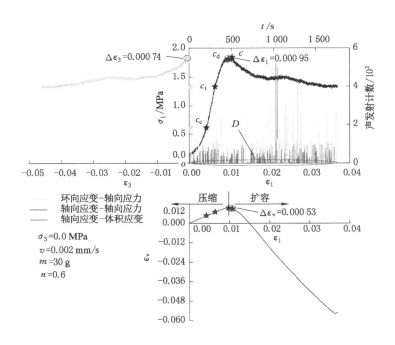

图 3-10　30 g 胶结材料含量下胶结充填体试样的轴向应力-轴向应变-
环向应变-体积应变-声发射曲线

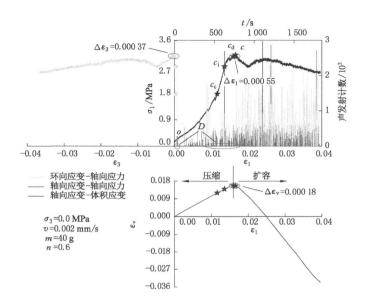

图 3-11 40 g 胶结材料含量下胶结充填体试样的轴向应力-轴向应变-
环向应变-体积应变-声发射曲线

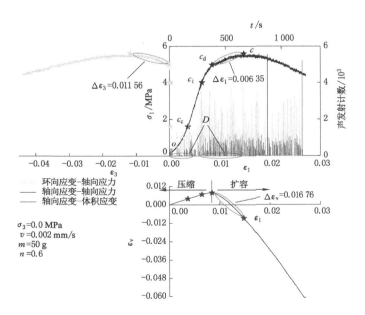

图 3-12 50 g 胶结材料含量下胶结充填体试样的轴向应力-轴向应变-
环向应变-体积应变-声发射曲线

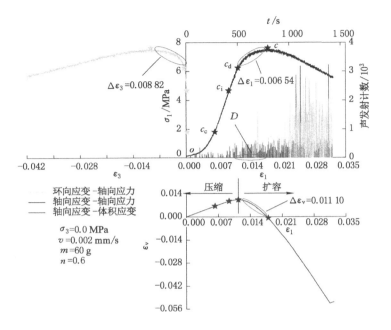

图 3-13　60 g 胶结材料含量下胶结充填体试样的轴向应力-轴向应变-
环向应变-体积应变-声发射曲线

对于胶结材料含量对试样声发射分布特征的影响,主要表现在 o-c 阶段。其中胶结材料含量为 30 g 和 40 g 的试样在承载初期即表现出活跃的声发射信号,表明结构内部存在弱胶结面或弱黏结颗粒的断裂滑移,之后普遍在裂纹萌生阈值点 c_i 后产生更大的声发射信号。而胶结材料含量为 50 g 的试样在承载初期的声发射信号明显低于前两者,但也存在初期损伤的情况。与之不同的是胶结材料含量为 60 g 的试样,其在承载初期表现出较弱的声发射信号,即此时该结构内不存在明显的损伤区域 D。声发射信号的活跃出现在扩容起始点 c_d 后,表明该结构的扩容变形与声发射活跃期是相匹配的,结构内部不会包含过多的缺陷致使声发射信号的提前。这可以通过 Cihangir 等[55]的研究结果证明,其认为胶结材料含量的增大导致水化产物的增多,从而减少了结构内部的缺陷(微孔、微裂缝和弱胶结面)。

3.2.3　骨料颗粒粒径分布的影响

为了探讨骨料颗粒粒径分布对胶结充填体试样应力应变行为和声发射响应特征的影响,固定两影响因素围压和胶结材料含量不变。以单轴压缩下胶结材料含量为 60 g 的胶结充填体试样为例,其在不同骨料颗粒粒径分布下的轴向应力-

轴向应变曲线如图 3-14 所示。由图可知,无论在何种骨料颗粒粒径分布下,胶结充填体试样均经历了上述 5 个承载阶段。图 3-15~图 3-18 则给出了胶结充填体试样在不同骨料颗粒粒径分布下的轴向应力-轴向应变-环向应变-体积应变-声发射曲线。

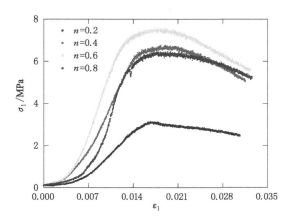

图 3-14　不同骨料颗粒粒径分布下胶结充填体试样的轴向应力-轴向应变曲线

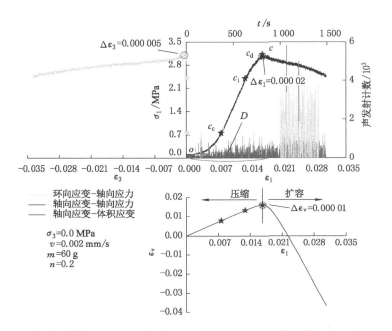

图 3-15　骨料颗粒级配 Talbot 指数 0.2 下胶结充填体试样的轴向应力-轴向应变-
环向应变-体积应变-声发射曲线

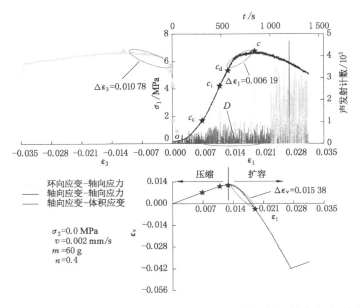

图 3-16　骨料颗粒级配 Talbot 指数 0.4 下胶结充填体试样的轴向应力-轴向应变-
环向应变-体积应变-声发射曲线

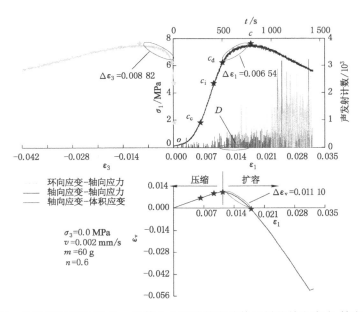

图 3-17　骨料颗粒级配 Talbot 指数 0.6 下胶结充填体试样的轴向应力-轴向应变-
环向应变-体积应变-声发射曲线

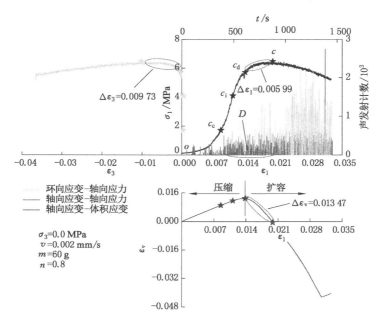

图 3-18 骨料颗粒级配 Talbot 指数 0.8 下胶结充填体试样的轴向应力-轴向应变-
环向应变-体积应变-声发射曲线

由图 3-15～图 3-18 可知,骨料颗粒粒径分布对试样应力-应变行为的影响主要表现在扩容起始点 c_d 后。以骨料颗粒级配 Talbot 指数为 0.2 的试样最明显,其在扩容起始点 c_d 后不久即达到峰值点 c 并立即破坏,同时环向应变和体积应变均发生剧减,如图 3-15 所示。后 3 个试样在发生显著扩容变形的情况下仍表现出一定的承载能力,轴向应力在扩容起始点后不会瞬时达到极值而使材料屈服破坏,在峰前表现出一定的塑性变形特征,如图 3-16～图 3-18 所示。从轴向应变的变化量来看,骨料颗粒级配 Talbot 指数为 0.6 的试样最大,达到 0.006 54。从体积应变的变化量来看,骨料颗粒级配 Talbot 指数为 0.4 的试样最大,达到 0.015 38。这表明存在一个最优的骨料颗粒粒径分布,可使胶结充填体的扩容特性达到最优。需要解释的是,在 Talbot 指数为 0.4 和 0.8 的条件下,试样的环向变形在试验后期已经超过 MTS 环向引伸计的测量极限,导致环向应变固定不变而使试样的体积应变再一次开始增大,但这并不影响试验结果,如图 3-16 和图 3-18 所示。

在不同颗粒粒径分布下胶结充填体试样的声发射分布特征(图 3-15～图 3-18)中,以骨料颗粒级配 Talbot 指数为 0.2 试样的特征最特殊,它在 4 个

阶段 σ-c_e、c_e-c_i、c_i-c_d 和 c_d-c 阶段均表现出较活跃的声发射信号,伴随着频繁的大于 1 000 振铃计数的声发射信号,表明在这样的损伤区域内包含大量的裂纹萌生和扩展。随着 Talbot 指数的增大,试样的损伤区域先减少后增多。例如 Talbot 指数为 0.4 和 0.8 试样的损伤区域出现在 c_e-c_i、c_i-c_d 和 c_d-c 阶段,而 Talbot 指数为0.6试样的损伤区域只出现在 c_d-c 阶段。由此可见,在损伤区域的分布上,Talbot 指数为 0.6 试样表现出更优越的结构性能,在 σ-c_d 阶段不会出现大量的裂纹扩展而损伤充填体结构。需要注意的是,与 Talbot 指数为 0.2 的试样相比,这 3 个试样在 σ-c_e 阶段均不会表现出很强的声发射信号,如图 3-16~图 3-18 所示。关于骨料颗粒粒径分布对胶结充填体应力应变行为、扩容特性和声发射分布特征的影响机制,将结合微观结构分析在第 4 章中进行阐述。

3.3 胶结充填体抗压强度

3.3.1 围压的影响

众所周知,岩土材料的抗压强度与围压呈正相关关系[299-305]。根据试验结果,采用线性函数描述不同骨料颗粒粒径分布和胶结材料含量下胶结充填体试样的抗压强度与围压的关系,如图 3-19 所示,对应的拟合关系式如表 3-2 所示。

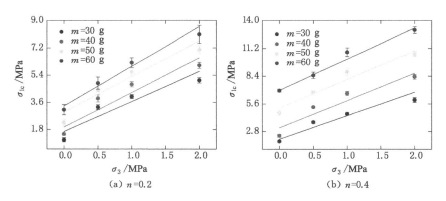

图 3-19 不同骨料颗粒粒径分布和胶结材料含量下胶结充填体试样的
抗压强度与围压的关系

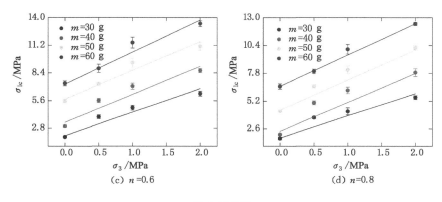

（c）n=0.6 　　　　（d）n=0.8

图 3-19（续）

表 3-2　不同骨料颗粒粒径分布和胶结材料含量下胶结充填体试样的抗压强度与围压的拟合关系式

骨料颗粒级配 Talbot 指数 n	胶结材料含量 m/g	拟合关系式	相关系数 R	决定系数 R^2
0.2	30	$\sigma_{1c}=1.989\,7\sigma_3+1.664\,8$	0.950 9	0.904 3
	40	$\sigma_{1c}=2.290\,6\sigma_3+1.958\,1$	0.955 7	0.913 3
	50	$\sigma_{1c}=2.341\,7\sigma_3+2.967\,6$	0.922 1	0.850 2
	60	$\sigma_{1c}=2.612\,3\sigma_3+3.367\,1$	0.977 7	0.955 9
0.4	30	$\sigma_{1c}=2.383\,2\sigma_3+2.017\,5$	0.947 7	0.898 1
	40	$\sigma_{1c}=2.761\,5\sigma_3+3.165\,3$	0.942 9	0.889 0
	50	$\sigma_{1c}=2.865\,7\sigma_3+5.201\,7$	0.972 1	0.944 9
	60	$\sigma_{1c}=3.135\,2\sigma_3+6.968\,8$	0.992 6	0.985 3
0.6	30	$\sigma_{1c}=2.391\,6\sigma_3+2.038\,5$	0.972 7	0.946 1
	40	$\sigma_{1c}=2.839\,9\sigma_3+3.391\,7$	0.950 5	0.903 4
	50	$\sigma_{1c}=2.908\,7\sigma_3+5.752\,1$	0.978 0	0.956 5
	60	$\sigma_{1c}=3.243\,0\sigma_3+7.261\,7$	0.990 9	0.981 9
0.8	30	$\sigma_{1c}=2.079\,1\sigma_3+1.749\,7$	0.957 1	0.916 0
	40	$\sigma_{1c}=2.706\,8\sigma_3+2.371\,0$	0.927 6	0.860 4
	50	$\sigma_{1c}=2.803\,5\sigma_3+4.357\,4$	0.980 1	0.960 5
	60	$\sigma_{1c}=2.921\,8\sigma_3+6.581\,7$	0.997 7	0.995 5

$$\sigma_{1c}=\xi_{c1}\sigma_3+\xi_{c2} \tag{3-1}$$

式中：σ_{1c} 为抗压强度，MPa；σ_3 为围压，MPa；ξ_{c1}、ξ_{c2} 为试验控制参数，与试验条件

（骨料颗粒粒径分布、胶结材料含量、养护时间和养护温度等）相关，ξ_{c1}表征试样抗压强度对围压的敏感程度，ξ_{c2}表征单轴压缩条件下试样的理论单轴抗压强度，MPa。

由图3-19和表3-2可知，正线性函数可以较好地描述胶结充填体试样抗压强度与围压的关系，相关系数基本都达到0.9以上。在相同的骨料颗粒粒径分布条件下，胶结材料含量更高的试样抗压强度对围压的敏感程度也更高，表明围压对胶结充填材料强度的强化作用将随着胶结材料含量的增大而增大。而在相同的胶结材料含量条件下，骨料颗粒级配Talbot指数为0.4和0.6的试样抗压强度对围压的敏感程度总高于骨料颗粒级配Talbot指数为0.2和0.8的试样，表明围压对胶结充填材料强度的强化作用可能在Talbot级配范围内存在一个最大值。

为了描述骨料颗粒粒径分布和胶结材料含量对该敏感程度的耦合影响，图3-20给出了表征该敏感程度的参数ξ_{c1}的空间曲面。由图可知，参数ξ_{c1}与胶结材料含量呈正相关关系，与骨料颗粒级配Talbot指数呈二次多项式关系，参数ξ_{c1}在三维空间中表现出一定的非线性特征。

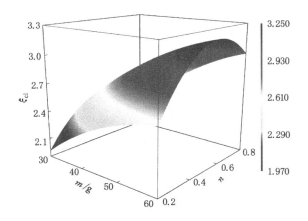

图3-20　骨料颗粒粒径分布和胶结材料含量对参数ξ_{c1}的耦合影响

3.3.2　胶结材料含量的影响

图3-21给出了胶结材料含量对不同围压和骨料颗粒粒径分布下胶结充填体试样抗压强度的影响。显然，胶结材料含量的增大导致胶结充填体抗压强度的强化[306]。Kesimal等[63]和Yilmaz等[149]通过试验证明，更多的胶结材料会生成更多的硅酸钙水合物（C-S-H）和钙矾石，水化产物的增多不仅提高了材料的胶结性能，而且改善了充填体的孔隙结构和承载结构。同样可以采用线性函数

描述不同围压和骨料颗粒粒径分布下胶结充填体试样的抗压强度与胶结材料含量的关系,对应的拟合关系式如表 3-3 所示。

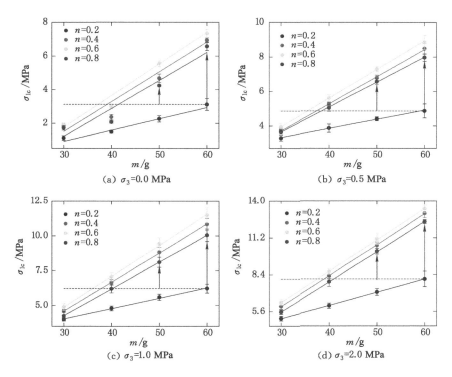

图 3-21 不同围压和骨料颗粒粒径分布下胶结充填体试样的抗压强度与
胶结材料含量的关系

表 3-3 不同围压和骨料颗粒粒径分布下胶结充填体试样的抗压强度与
胶结材料含量的拟合关系式

围压 σ_3/MPa	骨料颗粒级配 Talbot 指数 n	拟合关系式	相关系数 R	决定系数 R^2
0.0	0.2	$\sigma_{1c}=0.067\ 8m-1.125\ 6$	0.958 2	0.918 2
	0.4	$\sigma_{1c}=0.177\ 6m-3.821\ 8$	0.976 4	0.953 4
	0.6	$\sigma_{1c}=0.188\ 4m-3.887\ 9$	0.981 2	0.962 8
	0.8	$\sigma_{1c}=0.167\ 1m-3.807\ 7$	0.963 2	0.927 8

表 3-3(续)

围压 σ_3/MPa	骨料颗粒级配 Talbot 指数 n	拟合关系式	相关系数 R	决定系数 R^2
	0.2	$\sigma_{1c}=0.053\,2m+1.728\,0$	0.998 3	0.996 7
0.5	0.4	$\sigma_{1c}=0.157\,3m-1.011\,8$	0.999 7	0.999 3
	0.6	$\sigma_{1c}=0.166\,2m-1.033\,5$	0.999 9	0.999 8
	0.8	$\sigma_{1c}=0.144\,9m-0.699\,5$	0.999 9	0.999 7
	0.2	$\sigma_{1c}=0.075\,2m+1.758\,1$	0.998 5	0.997 1
1.0	0.4	$\sigma_{1c}=0.208\,8m-1.675\,9$	0.999 9	0.999 9
	0.6	$\sigma_{1c}=0.221\,9m-1.781\,2$	0.999 8	0.999 5
	0.8	$\sigma_{1c}=0.193\,3m-1.546\,7$	0.999 9	0.999 9
	0.2	$\sigma_{1c}=0.101\,1m+2.015\,9$	0.999 9	0.999 8
2.0	0.4	$\sigma_{1c}=0.233\,8m-1.025\,1$	0.999 9	0.999 9
	0.6	$\sigma_{1c}=0.236\,5m-0.795\,1$	0.999 9	0.999 9
	0.8	$\sigma_{1c}=0.228\,5m-1.288\,4$	0.999 9	0.999 9

$$\sigma_{1c} = \xi_{m1} m + \xi_{m2} \tag{3-2}$$

式中，ξ_{m1}、ξ_{m2} 为试验控制参数，与试验条件(围压、骨料颗粒粒径分布、养护时间和养护温度等)相关，ξ_{m1} 表征试样抗压强度对胶结材料含量的敏感程度。

由图 3-21 和表 3-3 可知，正线性函数可以较好地描述胶结充填体试样抗压强度与胶结材料含量的关系，相关系数均达到 0.9 以上。在相同的围压条件下，骨料颗粒级配 Talbot 指数为 0.6 的试样抗压强度对胶结材料含量的敏感程度一般高于其他试样，表明通过增大胶结材料含量来强化材料力学强度的方法对具有更优越骨料颗粒粒径分布的胶结充填体更有效。而在相同的骨料颗粒粒径分布条件下，试样抗压强度对胶结材料含量的敏感程度在围压为 0.5 MPa 处出现拐点；但就整体试验数据而言，该敏感程度与围压呈正相关关系。

基于上述胶结充填体试样抗压强度对胶结材料含量的敏感性分析，容易发现具备更优越骨料颗粒粒径分布的试样强度参数随胶结材料含量提高的强化作用越加明显，对应的参数表征反映在 ξ_{m1} 上。而且在图 3-21(a)中，当胶结材料含量为 50 g 时，骨料颗粒级配 Talbot 指数为 0.4、0.6 和 0.8 试样的抗压强度已明显超过同种含量下和 60 g 含量下骨料颗粒级配 Talbot 指数为 0.2 的试样。甚至在图 3-21(b)～(d)中，胶结材料含量 40 g 下骨料颗粒级配 Talbot 指数为 0.4 和 0.8 试样的抗压强度已普遍高于含量 60 g 下骨料颗粒级配 Talbot 指数为 0.2 的试样。为了更直观地描述胶结材料含量的增大对不同骨料颗粒粒径分布胶结充填体强度参数强化作用的影响，定义 Δm 为胶结材料含量的变化量，$\Delta\sigma_{1c}$ 为其含量变化所对应试样抗压强度的变化量。

$$\Delta m_i = m_{i+1} - m_i (i \geqslant 1) \tag{3-3}$$

$$\Delta \sigma_{1c_i} = \sigma_{1c_{i+1}} - \sigma_{1c_i} (i \geqslant 1) \tag{3-4}$$

根据式(3-3)和式(3-4)可以得到不同围压下胶结材料含量增加对不同骨料颗粒粒径分布胶结充填体试样抗压强度的影响,如图3-22所示。

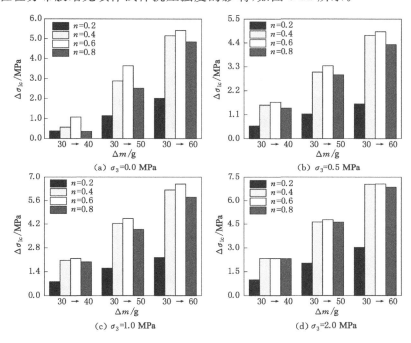

图 3-22　不同围压下胶结材料含量增加对不同骨料颗粒
粒径分布胶结充填体试样抗压强度的影响

从图3-22中不难看出,无论在何种围压下,骨料颗粒级配 Talbot 指数为0.6试样的强度增长始终是最大的;但随着胶结材料含量或围压的增大,骨料颗粒级配 Talbot 指数为 0.4 和 0.6 试样间的强度增长差异逐渐减小。值得注意的是,当胶结材料含量由 30 g 增大到 50 g 时,骨料颗粒级配 Talbot 指数为 0.4、0.6 和0.8试样的强度增长已明显超过同条件下骨料颗粒级配 Talbot 指数为 0.2 的试样,甚至高于含量由 30 g 增大到 60 g 的骨料颗粒级配 Talbot 指数为 0.2 的试样。显然,一个更优越的骨料颗粒粒径分布不仅可以改善胶结充填材料的强度增长,而且更有利于在有限的工程条件下节约胶结材料的使用。

3.3.3　骨料颗粒粒径分布的影响

图 3-23 给出了不同围压和胶结材料含量下骨料颗粒级配 Talbot 指数对胶

结充填体试样抗压强度的影响。由图可知，无论在何种围压和胶结材料含量下，试样的抗压强度均随着 Talbot 指数先增大后减小。结合上述关于胶结充填体试样的应力-应变行为、扩容特性和声发射分布特征，以及围压和胶结材料含量对不同骨料颗粒粒径分布下试样抗压强度的强化作用，认为可能存在一个最优的骨料颗粒粒径分布使得胶结充填材料具备最优的力学特性。这在以往的研究中也有被提及，例如 Ercikdi 等[66]、Fall 等[73] 和 Kesimal 等[78] 均认为 25% ~ 35% 细度左右的胶结尾砂充填体的强度参数可能是最大的，Sari 等[79] 则给出了其试验方案中一种较理想的混凝土骨料颗粒粒径分布。但并没有进行更进一步的深入研究，更多的难点可能在于量化颗粒粒径分布的影响上。为此，构建二次函数 $\sigma_{1c} = f(n)$ 来表征胶结充填体试样抗压强度与 Talbot 指数的关系，以量化颗粒粒径分布对胶结充填材料强度参数的影响。该函数关系在级配范围 $n \in (0, 1)$ 内可求得表征材料最大强度参数的最优 Talbot 指数，关系的建立具有明确的物理意义。即在 $f'(n) = 0$ 时，有 $f(n) = \text{Max } \sigma_{1c}$。

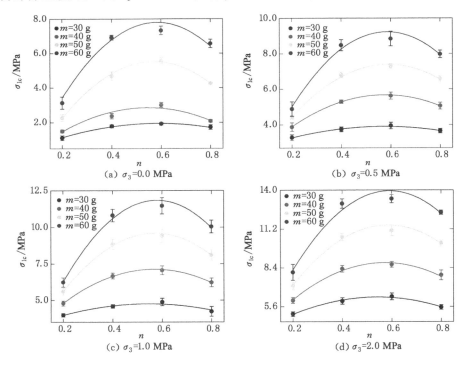

图 3-23　不同围压和胶结材料含量下骨料颗粒级配 Talbot 指数对
胶结充填体试样抗压强度的影响

$$\sigma_{1c} = \xi_{T1} n^2 + \xi_{T2} n + \xi_{T3} \tag{3-5}$$

式中，ξ_{T1}、ξ_{T2} 和 ξ_{T2} 为试验控制参数，与试验条件(围压、胶结材料含量、养护时间和养护温度等)相关。

根据式(3-5)，容易得到不同围压和胶结材料含量下胶结充填体试样的抗压强度与骨料颗粒级配 Talbot 指数的拟合关系式，如表 3-4 所示。由表可知，二次函数可以较好地描述胶结充填体试样抗压强度与骨料颗粒级配 Talbot 指数的关系，相关系数基本都达到 0.9 以上。分析认为表征最优胶结充填材料特性的最佳骨料颗粒级配 Talbot 指数介于 0.4～0.6，这与 Baram 和 Herrmann 的研究结果[307]具有一致性。通过球形单元组成的不同种类的多面体模拟空间填充，得到当骨料颗粒的分形维数在区间(2.474, 2.588)，即骨料颗粒级配 Talbot 指数在区间(0.412, 0.526)时，材料的结构最稳定。

表 3-4   不同围压和胶结材料含量下胶结充填体试样的抗压强度与
骨料颗粒级配 Talbot 指数的拟合关系式

围压 σ_3/MPa	胶结材料含量 m/g	拟合关系式	相关系数 R	决定系数 R^2
0.0	30	$\sigma_{1c} = -5.383\,7n^2 + 6.315\,7n + 0.091\,7$	0.984 3	0.968 9
	40	$\sigma_{1c} = -11.480\,9n^2 + 12.509\,4n - 0.565\,6$	0.964 6	0.930 5
	50	$\sigma_{1c} = -23.924\,3n^2 + 27.282\,7n - 2.265\,8$	0.997 6	0.995 3
	60	$\sigma_{1c} = -29.812\,0n^2 + 34.821\,0n - 2.362\,5$	0.964 2	0.929 7
0.5	30	$\sigma_{1c} = -4.561\,8n^2 + 5.216\,0n + 2.407\,8$	0.978 6	0.957 7
	40	$\sigma_{1c} = -12.525\,2n^2 + 14.433\,8n + 1.500\,0$	0.997 8	0.995 7
	50	$\sigma_{1c} = -19.328\,1n^2 + 22.851\,1n + 0.632\,0$	0.997 5	0.995 1
	60	$\sigma_{1c} = -28.546\,4n^2 + 33.450\,6n - 0.555\,4$	0.983 0	0.966 2
1.0	30	$\sigma_{1c} = -6.637\,0n^2 + 7.217\,9n + 2.796\,6$	0.957 1	0.916 0
	40	$\sigma_{1c} = -17.245\,9n^2 + 19.572\,4n + 1.569\,5$	0.999 1	0.998 2
	50	$\sigma_{1c} = -28.796\,6n^2 + 32.917\,1n + 0.177\,1$	0.998 7	0.997 4
	60	$\sigma_{1c} = -38.731\,1n^2 + 44.894\,4n - 1.164\,6$	0.990 5	0.981 1
2.0	30	$\sigma_{1c} = -10.59\,12n^2 + 11.465\,3n + 2.173\,8$	0.985 9	0.971 9
	40	$\sigma_{1c} = -19.461\,8n^2 + 22.268\,2n + 2.398\,7$	0.988 1	0.976 4
	50	$\sigma_{1c} = -29.149\,8n^2 + 34.160\,1n + 1.475\,9$	0.984 1	0.968 5
	60	$\sigma_{1c} = -37.120\,9n^2 + 43.944\,7n + 0.938\,9$	0.933 5	0.871 5

3.4 胶结充填体黏聚力与内摩擦角

在岩土工程中通常采用摩尔-库仑(Mohr-Coulomb)强度准则描述岩土材料的强度特性,认为材料能够承载的最大剪切力 τ_s 由材料的黏聚力 c 和正应力 σ_n 引起的内摩擦力共同构成[308-310]:

$$\tau_s = \mu\sigma_n + c \tag{3-6}$$

式中,内摩擦因数 $\mu = \tan\varphi$,φ 为内摩擦角。这意味着材料内最大主应力 σ_s 与最小主应力 σ_3 呈线性关系[311]:

$$\sigma_s = M + N\sigma_3 \tag{3-7}$$

其中,M 和 N 均为 Mohr-Coulomb 强度准则的强度参数[312-313],可表征为:

$$M = 2c\frac{\cos\varphi}{1 - \sin\varphi} \tag{3-8}$$

$$N = \frac{1 + \sin\varphi}{1 - \sin\varphi} \tag{3-9}$$

该准则具有明确的物理意义,认为岩土材料具有黏结特性和内摩擦特性[314],而且从岩土试样的破坏特征也能发现大多呈剪切破坏模式,因此该准则在岩土工程中被广泛采用[315-318]。

在图 3-19 和表 3-2 中,已经给出不同骨料颗粒粒径分布和胶结材料含量下胶结充填体试样的抗压强度与围压的关系,根据式(3-7)、式(3-8)和式(3-9)可以得到胶结充填材料的强度参数 M、N、c 和 φ。其中:参数 M 表征单轴压缩条件下材料完全剪切破坏的理论强度,MPa;参数 N 表征围压对材料最大承载能力的影响。表 3-5 给出了不同骨料颗粒粒径分布和胶结材料含量下胶结充填体试样的强度参数。由于胶结充填体试样在实际单轴压缩试验中并非完全剪切破坏,因此参数 M 的数值普遍大于单轴抗压强度平均值。

表 3-5 不同骨料颗粒粒径分布和胶结材料含量下胶结充填体试样的强度参数

胶结材料含量 m/g	骨料颗粒级配 Talbot 指数 n	M/MPa	N	c/MPa	φ/(°)	单轴抗压强度平均值/MPa
30	0.2	1.664 8	1.989 7	0.590 1	19.331 7	1.113 4
	0.4	2.017 5	2.383 2	0.653 4	24.132 2	1.787 7
	0.6	2.038 5	2.391 6	0.659 1	24.224 2	1.922 2
	0.8	1.749 7	2.079 1	0.606 7	20.515 4	1.723 3

表 3-5(续)

胶结材料含量 m/g	骨料颗粒级配 Talbot 指数 n	M/MPa	N	c/MPa	φ/(°)	单轴抗压强度平均值/MPa
40	0.2	1.958 1	2.290 6	0.646 8	23.092 0	1.499 1
	0.4	3.197 5	2.761 5	0.962 1	27.923 8	2.366 5
	0.6	3.391 7	2.839 9	1.006 3	28.630 1	3.002 4
	0.8	2.371 0	2.706 8	0.720 6	27.416 2	2.074 2
50	0.2	2.967 6	2.341 7	0.969 6	23.672 1	2.260 6
	0.4	5.201 7	2.865 7	1.536 4	28.857 3	4.678 2
	0.6	5.752 1	2.908 7	1.686 3	29.230 3	5.569 0
	0.8	4.357 4	2.803 5	1.301 2	28.305 2	4.247 1
60	0.2	3.367 1	2.612 3	1.041 6	26.508 9	3.118 2
	0.4	6.968 8	3.135 2	1.967 9	31.087 6	6.939 6
	0.6	7.261 7	3.243 0	2.016 2	31.913 3	7.344 9
	0.8	6.581 7	2.921 8	1.925 2	29.342 6	6.570 5

根据表 3-5,可以得到不同胶结材料含量下胶结充填体试样的强度参数与骨料颗粒粒径分布的关系,如图 3-24 所示,对应的拟合关系式如表 3-6 所示。

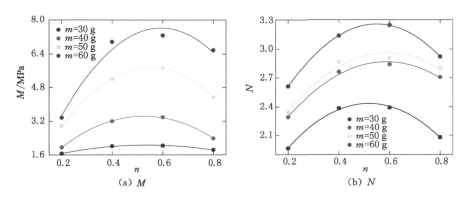

图 3-24　不同胶结材料含量下胶结充填体试样的强度参数与
骨料颗粒粒径分布的关系

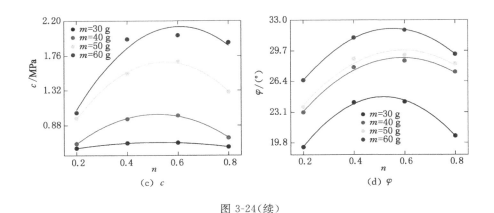

图 3-24(续)

表 3-6　不同胶结材料含量下胶结充填体试样的强度参数与骨料颗粒
粒径分布的拟合关系式

强度参数	胶结材料含量 m/g	拟合关系式	相关系数 R	决定系数 R^2
M	30	$M=-3.446\ 9n^2+3.719\ 7n+1.064\ 3$	0.989 7	0.979 5
	40	$M=-14.125\ 6n^2+14.842\ 1n-0.453\ 8$	0.998 4	0.996 9
	50	$M=-22.680\ 0n^2+25.039\ 9n-1.146\ 3$	0.998 8	0.997 7
	60	$M=-26.760\ 6n^2+31.729\ 0n-1.791\ 5$	0.957 3	0.916 4
N	30	$N=-4.556\ 9n^2+4.729\ 5n+1.207\ 4$	0.995 9	0.991 8
	40	$N=-3.775\ 0n^2+4.438\ 5n+1.563\ 0$	0.986 3	0.972 8
	50	$N=-3.932\ 5n^2+4.646\ 7n+1.586\ 3$	0.959 0	0.919 6
	60	$N=-5.275\ 6n^2+5.793\ 8n+1.663\ 9$	0.999 9	0.999 9
c	30	$c=-0.722\ 9n^2+0.750\ 7n+0.468\ 9$	0.999 9	0.999 9
	40	$c=-3.755\ 9n^2+3.888\ 5n+0.016\ 5$	0.997 2	0.994 4
	50	$c=-5.949\ 3n^2+6.521\ 6n-0.102\ 6$	0.996 4	0.992 8
	60	$c=-6.357\ 6n^2+7.707\ 1n-0.208\ 6$	0.935 0	0.874 2
φ	30	$\varphi=-53.182\ 9n^2+55.004\ 5n+10.503\ 5$	0.996 7	0.993 4
	40	$\varphi=-37.785\ 9n^2+44.625\ 4n+15.788\ 6$	0.980 4	0.961 1
	50	$\varphi=-38.188\ 7n^2+45.324\ 9n+16.310\ 4$	0.952 9	0.908 0
	60	$\varphi=-44.684\ 1n^2+49.347\ 5n+18.444\ 6$	0.999 5	0.998 9

　　岩土材料颗粒间的黏结力随着材料的损伤、屈服而减小乃至丧失,最终导致黏结颗粒的断裂[319-320];但其仍可依靠晶粒摩擦或裂隙摩擦继续承载,能够承载

的最大摩擦力可超过颗粒间的黏结力,该摩擦力的大小与材料的内摩擦特性和外载相关[321-322]。因此,围压对胶结充填体试样抗压强度的增大只是增大了材料内部能够承载的最大摩擦力,而对其黏结特性并无影响,对应的参数表征体现在式(3-9)上。显然,胶结材料含量的增大必然强化材料的黏结特性和内摩擦特性,在这里不再赘述其原因。需要关注的是骨料颗粒粒径分布对胶结充填材料黏结特性和内摩擦特性的影响,不同粒径骨料颗粒的空间分布不会影响胶结材料的水化过程,这不涉及任何化学因素,也不会影响水化产物的总量。但在图 3-24 中,无论在何种胶结材料含量下,胶结充填体试样的强度参数均随骨料颗粒级配 Talbot 指数先增大后减小,呈二次多项式关系,相关系数基本达到0.9 以上,如表 3-6 所示。关于其机理将在第 4 章中结合微观结构分析进行阐述。

3.5　胶结充填体抗压强度影响因素空间可视化

3.5.1　抗压强度影响因素三维空间可视化

影响胶结充填体力学强度的因素有很多,包括胶结材料种类和含量、养护温度和时间、骨料颗粒物质成分和粒径分布、辅助添加材料种类和含量,以及环境和外载等,而且往往涉及多种影响因素的耦合作用。两因素耦合作用下胶结充填体的力学强度可以借助距离加权插值、三角插值(Green-Sibson 算法、Bowyer 算法、Lawson 算法和 Cline-Renka 算法等)和多项式插值(全局多项式插值和局部多项式插值)等方法得到[323-325]。例如在本研究中主要探讨围压、胶结材料含量和骨料颗粒粒径分布对胶结充填体力学特性的影响,可以固定其中一个影响因素以探讨另外两影响因素对抗压强度的耦合作用,这样就可以得到胶结充填体抗压强度在三维空间中的空间构型 $\sigma_{1c} = f(\sigma_3, m)$、$\sigma_{1c} = f(\sigma_3, n)$ 和 $\sigma_{1c} = f(m, n)$。

图 3-25~图 3-28 给出了不同骨料颗粒粒径分布下 $\sigma_{1c} = f(\sigma_3, m)$ 的三维空间曲面,图 3-29~图 3-32 给出了不同胶结材料含量下 $\sigma_{1c} = f(\sigma_3, n)$ 的三维空间曲面,图 3-33~图 3-36 给出了不同围压下 $\sigma_{1c} = f(m, n)$ 的三维空间曲面,同时给出了试验平均值和偏差,其中图(a)是采用 Cline-Renka 算法对试验平均值进行网格化所得,图(b)是采用全局多项式 Poly²D 函数拟合所得。对于 Cline-Renka 算法的构建过程可以参考 Cline 和 Renka 的研究[326],这里不再赘述。若将两影响因素用 (x, y) 表示,Poly²D 函数可写成:

$$\sigma_{1c} = \xi_{p1} x^2 + \xi_{p2} x + \xi_{p3} y^2 + \xi_{p4} y + \xi_{p5} xy + \xi_{p6} \qquad (3-10)$$

式中,ξ_{p1}、ξ_{p2}、ξ_{p3}、ξ_{p4}、ξ_{p5} 和 ξ_{p6} 均为拟合参数。

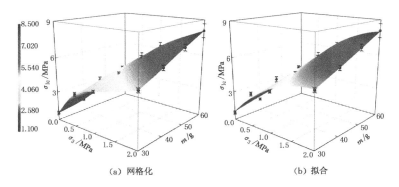

(a) 网格化　　　　　　　　(b) 拟合

图 3-25　骨料颗粒级配 Talbot 指数 0.2 下围压和胶结材料含量对
胶结充填体试样抗压强度的耦合影响

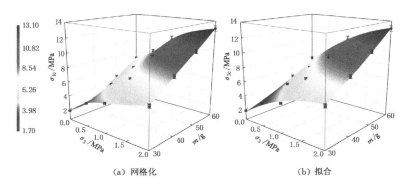

(a) 网格化　　　　　　　　(b) 拟合

图 3-26　骨料颗粒级配 Talbot 指数 0.4 下围压和胶结材料含量对
胶结充填体试样抗压强度的耦合影响

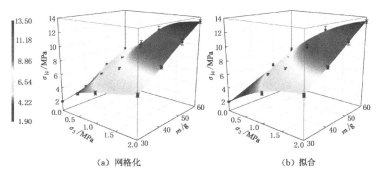

(a) 网格化　　　　　　　　(b) 拟合

图 3-27　骨料颗粒级配 Talbot 指数 0.6 下围压和胶结材料含量对
胶结充填体试样抗压强度的耦合影响

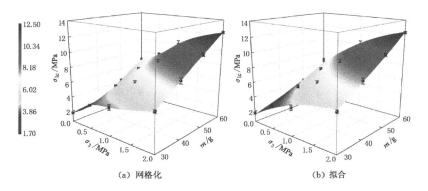

图 3-28 骨料颗粒级配 Talbot 指数 0.8 下围压和胶结材料含量对
胶结充填体试样抗压强度的耦合影响

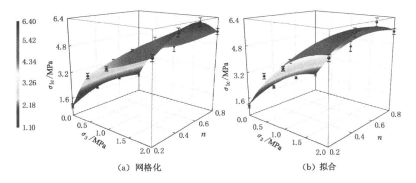

图 3-29 30 g 胶结材料含量下围压和骨料颗粒粒径分布对胶结充填体
试样抗压强度的耦合影响

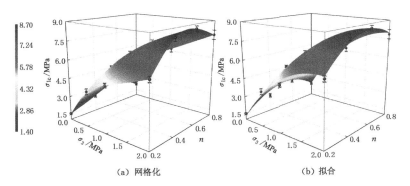

图 3-30 40 g 胶结材料含量下围压和骨料颗粒粒径分布对胶结充填体
试样抗压强度的耦合影响

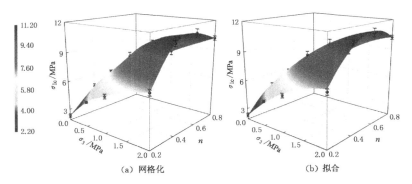

图 3-31　50 g 胶结材料含量下围压和骨料颗粒粒径分布对胶结充填体
试样抗压强度的耦合影响

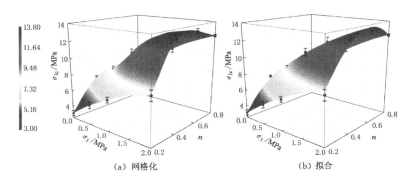

图 3-32　60 g 胶结材料含量下围压和骨料颗粒粒径分布对胶结充填体
试样抗压强度的耦合影响

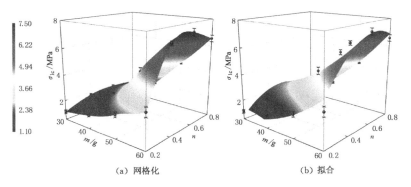

图 3-33　单轴压缩下胶结材料含量和骨料颗粒粒径分布对胶结充填体
试样抗压强度的耦合影响

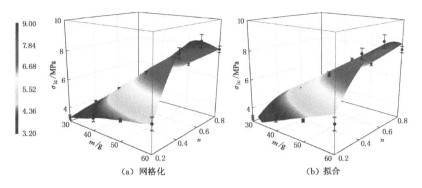

图 3-34　0.5 MPa 围压下胶结材料含量和骨料颗粒粒径分布对胶结充填体
试样抗压强度的耦合影响

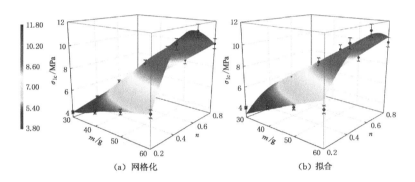

图 3-35　1.0 MPa 围压下胶结材料含量和骨料颗粒粒径分布对胶结充填体
试样抗压强度的耦合影响

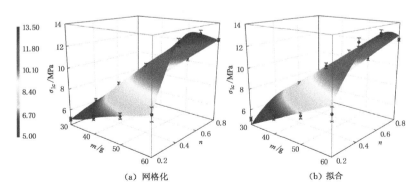

图 3-36　2.0 MPa 围压下胶结材料含量和骨料颗粒粒径分布对胶结充填体
试样抗压强度的耦合影响

由图 3-25～图 3-36 可知，Cline-Renka 算法和 Poly²ᴰ 函数拟合均可以较好地表征两影响因素对胶结充填材料抗压强度的耦合影响，其中 Cline-Renka 算法几乎与试验值完美匹配，Poly²ᴰ 函数拟合的相关系数也全部达到 0.9 以上。由于涉及影响因素的耦合作用，胶结充填材料的抗压强度在三维空间中表现出一定的非线性特征。

3.5.2 抗压强度影响因素四维空间可视化

上述 Cline-Renka 算法是一种三角插值方法，虽然与试验结果表现出很好的相关性，但只能描述胶结充填体抗压强度三维空间下的空间构型，所涉及的影响因素至多两个。距离加权插值方法虽然可以用于表征多因素对胶结充填体抗压强度的影响，但由于其加权值容易失真，也不能达到很理想的效果。而多项式插值方法可以较好地拟合多种影响因素与胶结充填体抗压强度的关系，关键是找到适合描述试验数据的多项式函数并优化其函数变量的系数。

在本研究中，由三因素（围压、胶结材料含量和骨料颗粒粒径分布）对胶结充填体抗压强度的耦合影响构成四维空间 $\sigma_{1c} = f(\sigma_3, m, n)$。在 3.4 节中已经得到各影响因素与胶结抗压强度的关系，见式（3-1）、式（3-2）和式（3-5），且各影响因素之间存在不同的相对敏感性，不妨设：

$$\sigma_{1c} = \xi_0 (\xi_1 \sigma_3 + \xi_2)(\xi_3 m + \xi_4)(\xi_5 n^2 + \xi_6 n + \xi_7) \tag{3-11}$$

式中，ξ_0、ξ_1、ξ_2、ξ_3、ξ_4、ξ_5、ξ_6 和 ξ_7 是决策参量。

显然，式（3-11）是由式（3-1）、式（3-2）和式（3-5）耦合构成的，计算出的抗压强度能否与试验数据匹配取决于决策参量的取值是否合理。为此，构造一种遗传算法[327]，对决策参量 ξ_0、ξ_1、ξ_2、ξ_3、ξ_4、ξ_5、ξ_6 和 ξ_7 进行优化，具体过程如下：

（1）构造围压、胶结材料含量、骨料颗粒粒径分布及其所对应胶结充填体抗压强度的样本序列

在单、三轴压缩试验中，以样本单位 δ 设置样本序号 $N_i = i\delta (i = 0, 1, 2, \cdots, N_s)$，则围压 σ_3、胶结材料含量 m、骨料颗粒级配 Talbot 指数 n 及其所对应胶结充填体抗压强度 σ_{1c} 的样本序列可表示为：

$$\sigma_{3N_i}, i = 0, 1, 2, \cdots, N_s \tag{3-12}$$

$$m_{N_i}, i = 0, 1, 2, \cdots, N_s \tag{3-13}$$

$$n_{N_i}, i = 0, 1, 2, \cdots, N_s \tag{3-14}$$

$$\sigma_{1cN_i}, i = 0, 1, 2, \cdots, N_s \tag{3-15}$$

（2）编码与编码方法

第一步，确定决策参量的编码个数。

采用遗传算法对决策参量进行优化，需要确定决策参量的搜索区间。显然，

决策参量 ξ_1、ξ_2、ξ_3、ξ_4、ξ_5、ξ_6 和 ξ_7 可以根据试验在极限条件下的数值进行范围界定。然而,反映式(3-1)、式(3-2)和式(3-5)耦合程度的决策参量 ξ_0 似乎并无客观试验或搜索经验可以参考。为了避免对决策参量 ξ_0 搜索区间的错误取值,将第 N_i 个样本的围压 σ_{3N_i}、胶结材料含量 m_{N_i} 和骨料颗粒级配 Talbot 指数 n_{N_i} 代入式(3-11),得到:

$$\sigma_{1cN_i} = \xi_0(\xi_1\sigma_{3N_i} + \xi_2)(\xi_3 m_{N_i} + \xi_4)(\xi_5 n_{N_i}^2 + \xi_6 n_{N_i} + \xi_7), i = 0,1,2,\cdots,N_s$$

(3-16)

在式(3-16)两边取对数,得到:

$$\lg \sigma_{1cN_i} = \lg \xi_0 + \lg(\xi_1\sigma_{3N_i} + \xi_2) + \lg(\xi_3 m_{N_i} + \xi_4) + \lg(\xi_5 n_{N_i}^2 + \xi_6 n_{N_i} + \xi_7),$$
$$i = 0,1,2,\cdots,N_s$$

(3-17)

对式(3-17)求和,得到:

$$N_s\lg \xi_0 = \sum_{i=1}^{N_s}\left[\lg \sigma_{1cN_i} - \lg(\xi_1\sigma_{3N_i} + \xi_2) - \lg(\xi_3 m_{N_i} + \xi_4) - \right.$$
$$\left. \lg(\xi_5 n_{N_i}^2 + \xi_6 n_{N_i} + \xi_7)\right]$$

(3-18)

则有:

$$\lg \xi_0 = \frac{1}{N_s}\sum_{i=1}^{N_s}\left[\lg \sigma_{1cN_i} - \lg(\xi_1\sigma_{3N_i} + \xi_2) - \lg(\xi_3 m_{N_i} + \xi_4) - \right.$$
$$\left. \lg(\xi_5 n_{N_i}^2 + \xi_6 n_{N_i} + \xi_7)\right]$$

(3-19)

$$\xi_0 = \exp(\lg \xi_0)$$

(3-20)

这样就避免了对决策参量 ξ_0 搜索区间的错误取值,同时将参量由 8 个减少到 7 个。

第二步,确定决策参量的搜索区间,即:

$$\xi_1 \in [\xi_{1\min}, \xi_{1\max}]$$

(3-21)

$$\xi_2 \in [\xi_{2\min}, \xi_{2\max}]$$

(3-22)

$$\xi_3 \in [\xi_{3\min}, \xi_{3\max}]$$

(3-23)

$$\xi_4 \in [\xi_{4\min}, \xi_{4\max}]$$

(3-24)

$$\xi_5 \in [\xi_{5\min}, \xi_{5\max}]$$

(3-25)

$$\xi_6 \in [\xi_{6\min}, \xi_{6\max}]$$

(3-26)

$$\xi_7 \in [\xi_{7\min}, \xi_{7\max}]$$

(3-27)

第三步,将 7 个决策参量 ξ_1、ξ_2、ξ_3、ξ_4、ξ_5、ξ_6 和 ξ_7 转换为长度均为 6 且由字符 0 和 1 组成的位串:$I_{11}I_{12}\cdots I_{16}$、$I_{21}I_{22}\cdots I_{26}$、$I_{31}I_{32}\cdots I_{36}$、$I_{41}I_{42}\cdots I_{46}$、$I_{51}I_{52}\cdots I_{56}$、$I_{61}I_{62}\cdots I_{66}$ 和 $I_{71}I_{72}\cdots I_{76}$,这样便完成了决策参量的二进制位串编码。

第四步,由长度为 6+6+6+6+6+6+6=42 的二进制位串 $I_1I_2\cdots I_{42}$ 构成遗传算法的个体基因型,相应的表现型为:

$$\xi_1 = \xi_{1\min} \left[\exp \frac{\ln \frac{\xi_{1\max}}{\xi_{1\min}}}{2^6 - 1} \right]^j, j = \sum_{i=1}^{6} 2^i I_{1i} \qquad (3\text{-}28)$$

$$\xi_2 = \xi_{2\min} \left[\exp \frac{\ln \frac{\xi_{2\max}}{\xi_{2\min}}}{2^6 - 1} \right]^j, j = \sum_{i=1}^{6} 2^i I_{2i} \qquad (3\text{-}29)$$

$$\xi_3 = \xi_{3\min} \left[\exp \frac{\ln \frac{\xi_{3\max}}{\xi_{3\min}}}{2^6 - 1} \right]^j, j = \sum_{i=1}^{6} 2^i I_{3i} \qquad (3\text{-}30)$$

$$\xi_4 = \xi_{4\min} \left[\exp \frac{\ln \frac{\xi_{4\max}}{\xi_{4\min}}}{2^6 - 1} \right]^j, j = \sum_{i=1}^{6} 2^i I_{4i} \qquad (3\text{-}31)$$

$$\xi_5 = \xi_{5\min} \left[\exp \frac{\ln \frac{\xi_{5\max}}{\xi_{5\min}}}{2^6 - 1} \right]^j, j = \sum_{i=1}^{6} 2^i I_{5i} \qquad (3\text{-}32)$$

$$\xi_6 = \xi_{6\min} \left[\exp \frac{\ln \frac{\xi_{6\max}}{\xi_{6\min}}}{2^6 - 1} \right]^j, j = \sum_{i=1}^{6} 2^i I_{6i} \qquad (3\text{-}33)$$

$$\xi_7 = \xi_{7\min} \left[\exp \frac{\ln \frac{\xi_{7\max}}{\xi_{7\min}}}{2^6 - 1} \right]^j, j = \sum_{i=1}^{6} 2^i I_{7i} \qquad (3\text{-}34)$$

（3）初始种群的产生

第一步，确定初始种群规模 k_{group}。

第二步，生成随机种子数 χ。

第三步，产生 k_{group} 个长度为 $6+6+6+6+6+6+6=42$ 的二进制位串 $I_1 I_2 \cdots I_{42}$，得到初始种群：

$$\text{Initial Population} = \{ I_1^i I_2^i \cdots I_{42}^i \mid i = 1, 2, \cdots, k_{\text{group}} \} \qquad (3\text{-}35)$$

（4）抗压强度数值解的计算

第一步，对初始种群中每一个体 $\text{chromosome}(i) = I_1^i I_2^i \cdots I_{42}^i (i=1,2,\cdots, k_{\text{group}})$ 进行解码，得到个体基因的表现型，即根据式（3-28）～式（3-34）求出决策量 ξ_1^i、ξ_2^i、ξ_3^i、ξ_4^i、ξ_5^i、ξ_6^i 和 $\xi_7^i (i=1,2,\cdots, k_{\text{group}})$ 的值。

第二步，对每一个体，根据围压样本序列 $\sigma_{3N_i} (i=1,2,\cdots, N_s)$、胶结材料含量样本序列 $m_{N_i} (i=1,2,\cdots, N_s)$、骨料颗粒级配 Talbot 指数样本序列 $n_{N_i} (i=1,$

$2,\cdots,N_s$),利用式(3-11)求出其样本序列所对应抗压强度的计算值序列 σ'_{1cN_i} ($i=1,2,\cdots,N_s$)。

(5)适应度计算

第一步,计算抗压强度数值解 σ'_{1cN_i}($i=1,2,\cdots,N_s$)与试验数据 σ_{1cN_i}($i=1,2,\cdots,N_s$)之间的差 E_{rr}:

$$E_{rr} = \frac{1}{N_s} \sum_{i=1}^{N_s} \left(1 - \frac{\sigma'_{1cN_i}}{\sigma_{1cN_i}}\right) \tag{3-36}$$

第二步,构造适应度函数并计算种群中每一个体的适应度:

$$\mathrm{fit}(i) = \frac{1}{E_{rr}}, i = 1,2,\cdots,k_{group} \tag{3-37}$$

(6)选择操作

利用随机遍历法从初始种群中选择出具有交配权的 k_{mating} 个个体,构成交配种群:

$$\mathrm{Mating\ Population} = \{I_1^i I_2^i \cdots I_{42}^i \mid i = 1,2,\cdots,k_{mating}\} \tag{3-38}$$

(7)交叉操作

对交配种群中所有个体进行随机配对,即对每一基因位串随机产生交叉位,并按某一交叉概率 p_{cross} 对每一对交叉个体(夫妇)进行交叉操作,得到新交配种群:

$$\mathrm{New\ Mating\ Population} = \{I_1^i I_2^i \cdots I_{42}^i \mid i = 1,2,\cdots,k_{mating}\} \tag{3-39}$$

(8)变异操作

对新交配种群中每一基因位串随机产生变异位,并按变异概率 $p_{mutation}$ 对每一个体进行变异运算,得到变异种群:

$$\mathrm{Mutation\ Population} = \{I_1^i I_2^i \cdots I_{42}^i \mid i = 1,2,\cdots,k_{mating}\} \tag{3-40}$$

(9)设定停止繁殖条件

计算最新种群中每一个体的适应度 $\mathrm{fit}(i) = \frac{1}{E_{rr}}$($i=1,2,\cdots,k_{mating}$),如果适应度的最大值大于等于预先设定的数值 S,即:

$$\mathrm{fit}(i)_{max} \geqslant S, i = 1,2,\cdots,k_{mating} \tag{3-41}$$

或繁殖代数等于某一事先设定的数值 N_g,则停止繁殖。如果 $\mathrm{fit}(i)_{max} < S$,则继续进行选择、交叉、变异运算,直到式(3-41)得以满足。对最优个体(适应度最大的个体)进行解码,即根据式(3-28)~式(3-34)将基因型转化为表现型,得到决策参量的最优值 ξ_0^{best}、ξ_1^{best}、ξ_2^{best}、ξ_3^{best}、ξ_4^{best}、ξ_5^{best}、ξ_6^{best} 和 ξ_7^{best}。将最优决策参量代入式(3-11),即可得到抗压强度的最优数值解。

表3-7给出了上述遗传算法的运行参数,当然该参数的选取是否有效取决

于其抗压强度最优数值解能否与试验数据合理匹配。虽然在构建该算法的过程中考虑了计算数据的适应度,但据此并不能绝对判断该运行参数下算法计算值的有效性。为此引入均方误差(MSE)、均方根误差(RMSE)、平均绝对误差(MAE)和平均绝对误差百分比(MAPE)对算法最优数值解和试验数据进行评估。

表 3-7 遗传算法的运行参数

参数	数值	参数	数值
初始种群规模 k_{group}	100	交叉概率 p_{cross}	0.9
交配种群规模 k_{mating}	60	变异概率 $p_{mutation}$	0.3
繁殖代数 N_g	10 000	最大适应度 S	100

$$MSE = \frac{\sum_{i=1}^{N_s} (\sigma'_{1cN_i} - \sigma_{1cN_i})^2}{N_s} \tag{3-42}$$

$$RMSE = \sqrt{\frac{\sum_{i=1}^{N_s} (\sigma'_{1cN_i} - \sigma_{1cN_i})^2}{N_s}} \tag{3-43}$$

$$MAE = \frac{\sum_{i=1}^{N_s} |\sigma'_{1cN_i} - \sigma_{1cN_i}|}{N_s} \tag{3-44}$$

$$MAPE = \frac{1}{N_s} \sum_{i=1}^{N_s} \left| \frac{\sigma'_{1cN_i} - \sigma_{1cN_i}}{\sigma'_{1cN_i}} \right| \times 100\% \tag{3-45}$$

根据式(3-42)~式(3-45)可以得到上述遗传算法对试验数据的回归评估指标,如表 3-8 所示,同时由图 3-37 给出算法计算值与试验数据的相关性。

表 3-8 遗传算法对试验数据的回归评估指标

指标	MSE/MPa²	RMSE/MPa	MAE/MPa	MAPE/%	R	R^2
数值	0.570 3	0.755 2	0.617 0	12.851 8	0.973 7	0.948 1

由表 3-8 和图 3-37 可知,遗传算法计算值与试验数据的误差普遍偏低,最高仅有 0.755 2 MPa,相关系数达到 0.973 7。除了表现在遗传算法的高相关性上,其平均绝对误差百分比仅有 12.851 8%,足以证明上述算法的可靠。为了更

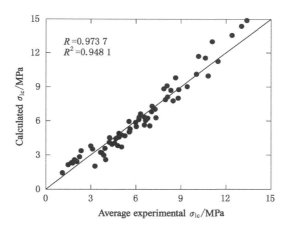

图 3-37　遗传算法计算值与试验数据的相关性

直观地表现遗传算法计算值与试验数据的差异,图 3-38 给出了不同围压、胶结材料含量和骨料颗粒粒径分布共 64 种试验条件下遗传算法计算值与试验数据的对比。由图可知,大多数计算值与试验平均值相差并不大,表明该遗传算法可以较好地与试验数据相匹配。

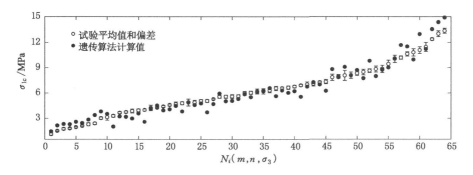

图 3-38　遗传算法计算值与试验数据的对比

通常,人们以影响因素作为变量探讨胶结充填材料力学参数的变化规律。单一因素 x 与抗压强度 σ_{1c} 构成二维空间 $\sigma_{1c}=f(x)$;两因素耦合 (x,y) 与抗压强度 σ_{1c} 构成三维空间 $\sigma_{1c}=f(x,y)$;三因素耦合 (x,y,z) 与抗压强度 σ_{1c} 构成四维空间 $\sigma_{1c}=f(x,y,z)$。依此类推,胶结充填体抗压强度 σ_{1c} 在多因素耦合 $(x,\cdots,z)$ 作用下构成高维参数空间 $\sigma_{1c}=f(x,\cdots,z)$。显然,该高维参数空间下胶结充填体抗压强度的空间构型同样可以采用上述算法得到,更多的难点可能在于所设计多项式函数是否可以充分描述多因素耦合作用下的试验数据。需要说明的是,上述方法仍属于全局多项式插值,当其对多因素耦合(4个以上)作用下的试验数据相关性较差时,可以采用局部多项式插值对其进行改进。由于本研究只考虑围压、胶结材料含量和骨料颗粒粒径分布3个影响因素,关于这部分研究内容作者将在今后给出。

　　以胶结材料含量 m 作为 x 轴(第一维),骨料颗粒级配 Talbot 指数 n 作为 y 轴(第二维),围压 σ_3 作为 z 轴(第三维),抗压强度 σ_{1c} 作为颜色轴(第四维),构建胶结充填体抗压强度试验平均值的四维空间散点 $\sigma_{1c}(m,n,\sigma_3)$,如图3-39所示。这样三因素耦合作用下胶结充填体的抗压强度就可以全部表现在同一空间中,但其似乎仍只能在固定其他两影响因素不变的条件下,得到胶结充填体抗压强度随另一影响因素的变化趋势。例如从图3-39中容易看出,胶结充填体抗压强度与胶结材料含量呈正相关关系,骨料颗粒随级配 Talbot 指数先增大后减小,与围压呈正相关关系,关于其耦合影响下材料抗压强度的演变趋势似乎较难体现。在高维参数空间中,试验工作量以量级增长,有限的试验数据不能直接反映胶结充填体抗压强度的空间演变规律,必须借助数学方法对其进行表征。上述基于全局多项式插值的遗传算法与试验数据具有较高的相关性,因此采用上述方法对三因素(围压、胶结材料含量和骨料颗粒粒径分布)耦合作用下胶结充填体抗压强度的四维空间散点 $\sigma_{1c}(m,n,\sigma_3)$ 进行插值,得到抗压强度遗传算法计算值的四维空间散点,如图3-40所示。采用同样的方法,也可以得到胶结充填材料抗压强度的四维空间立体 $\sigma_{1c}=f(m,n,\sigma_3)$,如图3-41所示。

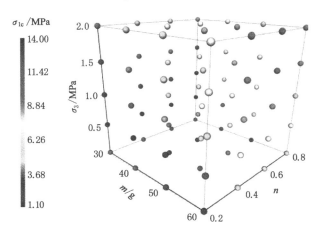

图 3-39　抗压强度试验平均值的四维空间散点

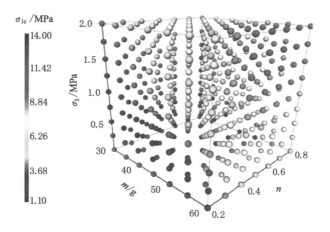

图 3-40   抗压强度遗传算法计算值的四维空间散点

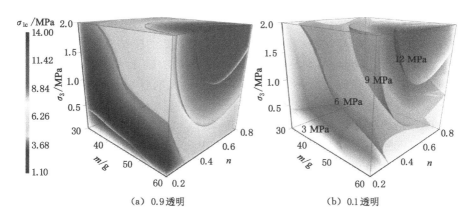

（a）0.9透明   （b）0.1透明

图 3-41   胶结充填材料抗压强度的四维空间立体

在图 3-41 中，设置了 0.9 和 0.1 的透明度。为了表现围压、胶结材料含量和骨料颗粒粒径分布对胶结充填体抗压强度的耦合影响，在四维空间中给出了抗压强度为 3 MPa、6 MPa、9 MPa 和 12 MPa 的等值面，其面上任一点对应空间参数 (m, n, σ_3)。这样就实现了三因素对胶结充填体抗压强度耦合影响的空间可视化。在给定岩体与充填体合理匹配的条件下[35]，胶结充填材料的工程设计参数将可以直接在高维参数空间中进行搜索并评估优劣。

3.6　本章小结

本章利用 MTS815 电液伺服岩石力学试验系统和 AE21C 声发射监测系统开展了胶结充填体的单轴压缩、常规三轴压缩和声发射试验，探讨了围压、胶结材料含量和骨料颗粒粒径分布对胶结充填体应力应变行为、体积应变、扩容变形、声发射响应特征、扩容起始应力和抗压强度的影响规律，得到了胶结材料含量和骨料颗粒粒径分布与胶结充填体黏聚力和内摩擦角的关系。构建了一种优化胶结充填体抗压强度与多因素耦合关系的遗传算法，分析了多因素耦合作用下胶结充填体抗压强度的变化规律。主要结论如下：

（1）胶结充填体的应力应变行为与围压、胶结材料含量和骨料颗粒粒径分布密切相关。围压和胶结材料含量的增大均强化了胶结充填体在扩容阶段的承载能力，表现为结构发生明显扩容变形仍可继续承载，也即扩容阶段 c_d-c 的体积应变变化量和轴向应力变化量与围压和胶结材料含量呈正相关关系。其中围压条件下的胶结充填体还出现屈服平台，结构的承载能力不会随着变形的增大而降低。较高胶结材料含量的胶结充填体在发生扩容变形后，轴向应力仍可增长 0.6 MPa 以上。而骨料颗粒级配 Talbot 指数为 0.2 的胶结充填体在发生扩容变形后立即破坏，其他骨料颗粒级配 Talbot 指数的胶结充填体则在扩容变形后仍表现出一定的承载能力。分析认为存在一个最优的骨料颗粒粒径分布，可使胶结充填体在扩容阶段的承载能力达到最大，也即扩容阶段 c_d-c 的体积应变变化量和轴向应力变化量与骨料颗粒级配 Talbot 指数呈二次多项式关系。

（2）围压的存在导致胶结充填体容易产生更活跃的声发射信号，即声发射振铃计数与围压呈正相关关系。胶结材料含量低的胶结充填体在承载初期即表现出活跃的声发射信号，随着胶结材料含量的增大，由声发射信号表征的损伤区域（声发射振铃计数高，分布密集）逐渐减少并往后推移，表现出更稳定的承载结构。随着骨料颗粒级配 Talbot 指数的增大，胶结充填体的损伤区域先减少后增多，骨料颗粒级配 Talbot 指数为 0.2 的胶结充填体在峰前 4 个阶段 o-c_e、c_e-c_i、c_i-c_d 和 c_d-c 均出现了损伤区域，骨料颗粒级配 Talbot 指数为 0.4 和 0.8 的胶结充填体的损伤区域出现在峰前 3 个阶段 c_e-c_i、c_i-c_d 和 c_d-c，而骨料颗粒级配 Talbot 指数为 0.6 的胶结充填体表现出更优越的结构性能，其损伤区域只出现在峰前 c_d-c 阶段，即其声发射活跃期只分布在扩容起始点后。

（3）胶结充填体的抗压强度与围压和胶结材料含量均呈正线性关系，而与骨料颗粒级配 Talbot 指数呈二次多项式关系。在不同骨料颗粒级配 Talbot 指数下，围压和胶结材料含量的增大对胶结充填体抗压强度的强化作用也表现出巨大差异,结果表明一个更优越的骨料颗粒粒径分布可以改善胶结充填体的强度增长。在不同胶结材料含量下,胶结充填体的 Mohr-Coulomb 强度参数与骨料颗粒级配 Talbot 指数呈二次多项式关系。

（4）建立了含 8 个决策参量的胶结充填体抗压强度随围压、胶结材料含量和骨料颗粒级配 Talbot 指数变化的关系式,并构建了优化决策参量的遗传算法。采用该算法实现了围压、胶结材料含量和骨料颗粒级配 Talbot 指数对胶结充填体抗压强度耦合影响的空间（四维空间）可视化。

4 胶结充填体微观结构分析和
颗粒流数值模拟

胶结充填体的力学特性及其承载过程中的损伤演化均由内部结构决定,该结构包括由骨料颗粒相互交错并与水化产物共同构成的骨架结构和充填体中分布的微孔、微裂纹和弱胶结面等缺陷构成的孔隙结构。因此,本章首先采用扫描电子显微镜观察胶结充填体的微观结构,探讨胶结材料含量和骨料颗粒粒径分布对胶结充填体微观结构特征的影响规律。然而,在力学试验中对胶结充填体的微观结构进行实时观察过于困难,无法得知胶结充填体承载过程中的结构演变。因此,本章在了解胶结充填体微观结构特征的基础上,利用颗粒流软件 PFC3D 建立胶结充填体的数值计算模型,再现不同围压、胶结材料含量和骨料颗粒粒径分布下胶结充填体承载过程中的裂纹演化和颗粒破坏,揭示围压、胶结材料含量和骨料颗粒粒径分布对胶结充填体力学特性的影响机制。

4.1 胶结充填体微观结构分析

4.1.1 试验设备

胶结充填体的微观结构扫描试验在扫描电子显微镜(scanning electron microscope,简称 SEM) Quanta™ 250(美国,FEI 公司)上完成,该设备可提供 3 种模式对试样进行扫描试验,包括高真空模式、低真空模式和环境真空模式,分辨率小于等于 3.0 nm,放大倍数为 6 万~100 万,加速电压为 0.2~30 kV。

4.1.2 试验方法和方案

将试验中获得的胶结充填体试样制作成 0.2~1 cm³ 的立方体,再将该子样品放置于烘干箱中保持温度上限 50 ℃进行干燥,以确保样品内部的各水化产物不致水解,并利于 SEM 试验。本研究中使用高真空模式对胶结充填体试样进行 SEM 扫描试验,试验方案如表 4-1 所示。

表 4-1 胶结充填体试样 SEM 扫描试验方案

放大倍数	胶结材料含量 m/g	骨料颗粒级配 Talbot 指数 n
100	30、40、50、60	0.2、0.4、0.6、0.8
1 000	30、40、50、60	0.2、0.4、0.6、0.8
2 000	30、40、50、60	0.2、0.4、0.6、0.8

4.1.3 试验结果与分析

目前,已有大量研究探讨胶结材料含量对胶结充填体微观结构的影响,包括采用灰砂比和胶结材料质量百分比等描述胶结材料含量的多少[43-44,46,54]。人们普遍认为,胶结材料含量更高的充填体含有更多的水化产物,从而表现出更高的胶结性能。其机理被揭示为,更多的针状或网状的 C-S-H 凝胶等水化产物附着在颗粒间以强化骨料颗粒间的链接,并填充更多的微孔和微裂隙等缺陷,导致充填体结构的致密化[55]。显然,胶结材料含量更高的胶结充填体内部结构更稳定、更致密,由此表现出更高的强度特性。这里,对相关的微观测试结果不再赘述。

以往的研究表明,在骨料颗粒的粒径跨度内,可能确实存在一个最优骨料颗粒粒径分布,这在本书的第 3 章中也能得出类似的结论。但其影响机制仍非常模糊,关于其为什么表现出更优越的材料性能目前尚无定论。因此本研究探讨了骨料颗粒粒径分布对胶结充填体微观结构的影响。以胶结材料含量 60 g 的试样为例,图 4-1、图 4-2 和图 4-3 给出了不同骨料颗粒级配 Talbot 指数胶结充填体试样在 100、1 000 和 2 000 放大倍数下的微观结构特征。

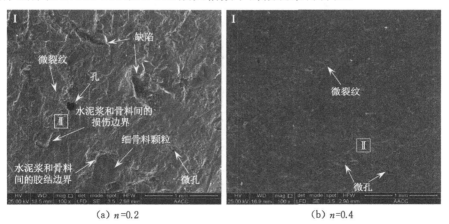

（a）n=0.2   （b）n=0.4

图 4-1 100 放大倍数下不同骨料颗粒粒径分布胶结充填体试样的微观结构特征

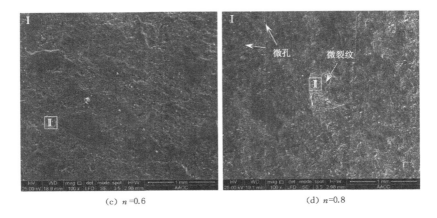

(c) $n=0.6$　　　　　(d) $n=0.8$

图 4-1（续）

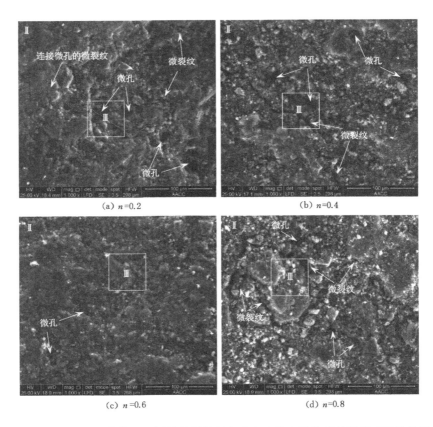

(a) $n=0.2$　　　　　(b) $n=0.4$

(c) $n=0.6$　　　　　(d) $n=0.8$

图 4-2　1 000 放大倍数下不同骨料颗粒粒径分布胶结充填体试样的微观结构特征

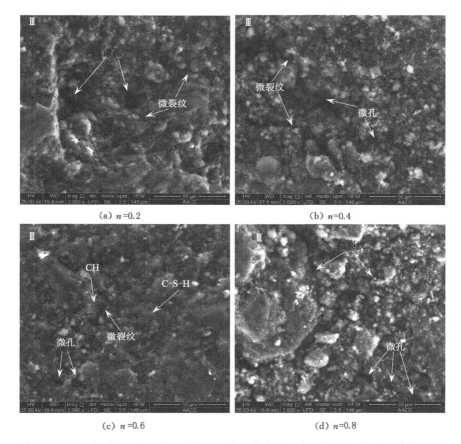

(a) $n=0.2$　　　　　　　　　　(b) $n=0.4$

(c) $n=0.6$　　　　　　　　　　(d) $n=0.8$

图 4-3　2 000 放大倍数下不同骨料颗粒粒径分布胶结充填体试样的微观结构特征

　　由图 4-1 可知,在放大倍数为 100 的胶结充填体试样的微观结构中,骨料颗粒级配 Talbot 指数为 0.2 的试样表现出较差的微观结构,如图 4-1(a)所示。可以清晰地发现孔洞的存在,是一种远大于微孔的直径 0.1 mm 左右的孔洞,并伴随着一些缺陷的分布。除了分布较多的微孔和微裂纹,还可以观察到明显的细骨料颗粒及其与胶结材料间的胶结边界,同时发现了附带损伤的该种边界。在骨料颗粒级配 Talbot 指数为 0.4 和 0.8 的试样中,只发现了一些微孔和微裂纹的分布,类似于骨料颗粒级配 Talbot 指数为 0.2 试样的损伤结构并没有被发现,如图 4-1(b)和图 4-1(d)所示。而在骨料颗粒级配 Talbot 指数为 0.6 的试样中,没有发现明显的缺陷,骨料颗粒被水化产物致密地包裹着,一些更细微的结构只能在更大的倍数下进行观察,如图 4-1(c)所示。

　　由图 4-2 可知,在放大倍数为 1 000 的胶结充填体试样的微观结构中,骨料颗粒级配 Talbot 指数为 0.2 的试样除了表现出大量微孔和微裂纹的分布,还有一种连通大量微孔的贯穿微裂纹被发现,如图 4-2(a)所示。在骨料颗粒级配 Talbot 指数为 0.4 和 0.8 的试样中没有发现如此严重的裂纹连通,但同样分布了较多的微孔和微裂纹,如图 4-2(b)和图 4-2(d)所示。其中骨料颗粒级配 Talbot 指数为 0.8 的胶结充填体试样的微观结构又比骨料颗粒级配 Talbot 指数为 0.4 的更恶劣,表现出更粗的微孔和微裂纹。而在骨料颗粒级配 Talbot 指数为 0.6 的试样中只发现了一些微孔,没有观察到微裂纹的分布,如图 4-2(c)所示。

由图 4-3 可知,在放大倍数为 2 000 的胶结充填体试样的微观结构中,可以清楚地观察到水化产物硅酸钙水合物(C-S-H)和钙矾石等,如图 4-3(a)~(d)所示。骨料颗粒级配 Talbot 指数为 0.2 试样的微孔和微裂纹等缺陷的分布明显要恶劣于其他试样,而骨料颗粒级配 Talbot 指数为 0.8 试样在水化产物间形成了比骨料颗粒级配 Talbot 指数为 0.4 试样更粗的微孔和微裂纹。相对来说,骨料颗粒级配 Talbot 指数为 0.6 的胶结充填体试样表现出更优越的微观结构,存在一些微孔的分布,但微裂纹的数量要远远低于其他骨料颗粒粒径分布的试样。

结合表 2-3 和图 2-2 给出的不同级配 Talbot 指数骨料颗粒的质量分布,容易概括更细的颗粒分布的胶结充填体试样表现出更恶劣的微观结构,在孔隙结构中不仅包含更多的微孔和微裂纹等缺陷,并伴随着一些远大于微孔的直径 0.1 mm 左右的孔洞和连通大量微孔的贯穿微裂纹,在骨料颗粒与胶结材料水化产物构成的骨架结构中还出现了一些损伤的边界(骨料颗粒-胶结材料)。这也是骨料颗粒级配 Talbot 指数为 0.2 的胶结充填体试样在整个承载阶段 o-c 均表现出活跃声发射信号的内在原因,这些大量分布的缺陷在荷载作用下导致裂纹的充分扩展,因此其在所有试样中也表现出最弱的力学参数(强度和变形)。而更粗的骨料颗粒的胶结充填体试样表现出更粗的微孔和微裂纹的分布,可以理解为过粗的骨料颗粒间的孔隙无法由水化产物和二次水化产物完全填充。因此,骨料颗粒级配 Talbot 指数为 0.8 的试样在强度参数上相对骨料颗粒级配 Talbot 指数为 0.4 和 0.6 的胶结充填体试样更弱一些。而在所有试样中,骨料颗粒级配 Talbot 指数为 0.4 和 0.6 的试样表现出更致密、更优越的微观结构,致使其力学特性(强度和变形)的优化。

4.2　胶结充填体颗粒流模型

4.2.1　颗粒流 PFC³ᴰ 简介

颗粒流(particle flow code)软件 PFC³ᴰ采用离散单元来描述岩土材料,认为材料由具有黏结和摩擦特性的离散颗粒单元构成,通过定义颗粒间或颗粒簇间的接触、作用和运动来模拟介质的宏观力学行为和细观结构演化[328]。由于其基本假设和构建原理相对更接近客观事实,同时能够很好地再现岩土材料在承载过程中出现的颗粒断裂和裂纹扩展等内部结构损伤,目前已广泛应用在岩土工程领域[329-336]。关于其更详细的基本原理和模型方程可以查阅文献[337],这里不再赘述。

在建立胶结充填体颗粒流模型的过程中,首先需要确定颗粒间的接触模型,考察其与胶结充填材料中颗粒的客观条件是否一致。在 PFC^{3D}数值软件中,黏结颗粒的接触模型通常采用接触黏结模型(contact-bond model,简称 CBM)或平行黏结模型(parallel-bond model,简称 PBM)。接触黏结模型假设两颗粒间的接触方式为点接触,并赋予该接触点法向刚度、切向刚度、法向黏结强度和切向黏结强度等细观力学参数。由于其初始假设(点接触)的局限,该种接触模型只能传递力矢量。与之不同的是,平行黏结模型假设两颗粒间的接触方式为面接触,同样赋予该接触面法向刚度、切向刚度、抗拉强度和抗剪强度等细观力学参数,这样可以同时实现力矢量和力矩矢量的传递,因而其可以完整地描述颗粒间的拉、压、剪、转。

假设两黏结颗粒在有限范围 L 内接触,接触处是半径为 $\bar{R}$ 的圆,如图 4-4 给出的平行黏结模型示意图所示,则该接触面的面积可表示为:

$$A = \pi \bar{R}^2 \tag{4-1}$$

惯性矩可表示为:

$$I = \frac{1}{4} \pi \bar{R}^4 \tag{4-2}$$

转动惯量可表示为:

$$J = \frac{1}{2} \pi \bar{R}^4 \tag{4-3}$$

平行黏结模型通过拉应力和剪应力控制黏结接触的失效机制,当外力大于其理论最大值时黏结接触失效。颗粒间的最大拉应力和剪应力分别为:

$$\sigma_{max} = -\frac{F^n}{A} + \frac{|M_i^s|}{I}\bar{R} \tag{4-4}$$

$$\tau_{max} = \frac{|F_i^s|}{A} + \frac{|M_i^n|}{J}\bar{R} \tag{4-5}$$

式中:F_i^n 和 M_i^n 分别为颗粒接触面上法向的力和力矩矢量,$F_i^n = F^n n_i$,$M_i^n = M^n n_i$;F_i^s 和 M_i^s 分别为颗粒接触面上切向的力和力矩矢量。

在平行黏结模型中,当黏结接触失效后,滑动模型生效,此时颗粒仍接触,颗

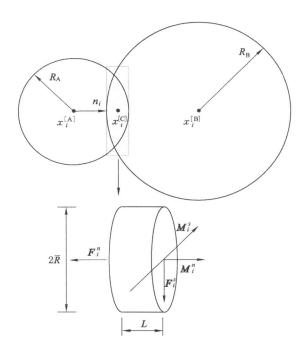

图 4-4　平行黏结模型示意图

粒间的滑动判据遵循:

$$|F_{smax}| > \mu_n |F^n| \tag{4-6}$$

式中:F_{smax} 为最大切向力;μ_n 为摩擦因数。

4.2.2　模型建立的方法与参数标定

胶结充填材料是由骨料颗粒和胶结材料水化产物构成的多孔介质材料,关于其试样颗粒流模型建立的难点在于模型尺寸、颗粒粒径和接触方式上的选择和合理匹配,而且在一定程度上必须遵循试验的客观条件。

首先,胶结充填材料试样的模型尺寸按照实际尺寸 $\phi50$ mm×100 mm 建立。其次,在颗粒粒径的选择上,骨料颗粒必须按照试验实际使用的颗粒粒径进行建立,由于骨料颗粒又是由许多颗粒单元构成的,因此采用颗粒簇 clump 来描述。在本研究中,胶结材料为水泥,对于水泥颗粒,较难理解的是如何确定水泥颗粒的总体积——是选择水泥的实际体积作为水泥颗粒的总体积,还是选择水泥浆的实际体积作为水泥颗粒的总体积。就客观事实来看,显然不能将两者割裂,而如果按照水化产物生成不同的胶结颗粒又太困难。因此,在这里将水泥颗粒简化为同种颗粒,以水泥浆的密度和体积作为水泥颗粒的密度和总体积,并且认为水泥颗粒是比骨料颗粒更细的具有胶结性能的颗粒,因而其尺寸设定为 $0.45\sim0.49$ mm 的颗粒簇。

在接触方式的选择上,如果不含胶结材料,则不同粒径的骨料颗粒只能构成不具备胶结性能的散体材料。在这种情况下,似乎采用滑动模型来描述骨料颗粒间的接触模型更合适,即认为骨料颗粒间只存在摩擦特性而不存在黏结特性。但是,在生产胶结充填材料时,通常将水泥与水拌和均匀形成匀质浆液,再将其与骨料颗粒进行混合,形成的胶结充填材料具有一定的流动性以利于其地下运输。这意味着每一个骨料颗粒的外围均包裹着水泥浆液,也即骨料颗粒在充填体中的接触模式也具备黏结特性。如果在模型中将水泥浆液的颗粒细化到可以包裹每一个骨料颗粒的程度,这在计算量级上是基本无法完成的。因此,平行黏结模型被应用在试样的各种颗粒间,包括水泥颗粒与水泥颗粒间、水泥颗粒与骨料颗粒间和骨料颗粒与骨料颗粒间,认为胶结充填材料中各颗粒间均具有黏结和摩擦特性。

这样就可以建立一种相对较满足实际情况的胶结充填体试样的颗粒流模型,模型建立的详细过程如下:首先,按照试样的实际尺寸 $\phi 50$ mm$\times$100 mm 生成与之匹配的边界墙,如图 4-5 所示,墙与颗粒之间不存在摩擦,粒径区间为($d_{\min}$,$d_{\max}$)的颗粒可以在墙内随机生成;并对颗粒的细观力学参数如抗拉强度、黏结强度和摩擦因数等进行赋值。然后,进行迭代计算,使模型达到初始平衡,并删除逃逸颗粒。最后,控制墙体以某一初始速度对试样模型进行单轴压缩试验和常规三轴压缩试验,加载方式与实际试验一致,采用伺服加载方式。

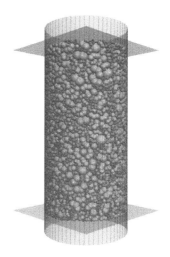

图 4-5 模型颗粒和墙

表 4-2~表 4-5 分别列出了从试验中获得的具有不同胶结材料含量和不同骨料颗粒粒径分布下胶结充填体试样颗粒流模型的颗粒簇参数,从表中容易看出,在一定的胶结材料含量下,颗粒簇数量与骨料颗粒级配 Talbot 指数呈负相关关系。

表 4-2　30 g 胶结材料含量下不同骨料颗粒级配 Talbot 指数胶结充填体试样颗粒流模型的颗粒簇参数

Talbot 指数 n	不同粒径 d_i/mm 区间下水泥颗粒和骨料颗粒的体积百分比 P_{vi}/%								总颗粒 /clump	模型初始平衡步数
	水泥	骨料								
	0.45~0.49	0.49~0.5	0.5~1.0	1.0~1.5	1.5~2.5	2.5~5.0	5.0~8.0	8.0~10.0		
0.2	0.213 6	0.431 9	0.064 3	0.041 9	0.057 9	0.088 6	0.067 5	0.034 3	43 145	899 133
0.4	0.213 6	0.237 2	0.075 8	0.055 1	0.083 5	0.144 3	0.123 3	0.067 2	31 809	1 059 392
0.6	0.213 6	0.130 3	0.067 2	0.054 5	0.090 4	0.176 5	0.169 0	0.098 5	25 347	818 999
0.8	0.213 6	0.071 6	0.053 0	0.047 8	0.087 0	0.192 2	0.206 2	0.128 6	21 064	925 602

表 4-3　40 g 胶结材料含量下不同骨料颗粒级配 Talbot 指数胶结充填体试样颗粒流模型的颗粒簇参数

Talbot 指数 n	不同粒径 d_i/mm 区间下水泥颗粒和骨料颗粒的体积百分比 P_{vi}/%								总颗粒 /clump	模型初始平衡步数
	水泥	骨料								
	0.45~0.49	0.49~0.5	0.5~1.0	1.0~1.5	1.5~2.5	2.5~5.0	5.0~8.0	8.0~10.0		
0.2	0.265 9	0.403 3	0.060 0	0.039 1	0.054 0	0.082 7	0.063 0	0.032 0	46 726	911 206
0.4	0.265 9	0.221 5	0.070 7	0.051 5	0.077 9	0.134 7	0.115 1	0.062 7	35 390	820 830
0.6	0.265 9	0.121 7	0.062 7	0.050 8	0.084 3	0.164 8	0.157 8	0.092 0	28 702	1 168 656
0.8	0.265 9	0.066 8	0.049 5	0.044 6	0.081 2	0.179 5	0.192 5	0.120 0	25 027	937 882

表 4-4　50 g 胶结材料含量下不同骨料颗粒级配 Talbot 指数胶结充填体试样颗粒流模型的颗粒簇参数

Talbot 指数 n	不同粒径 d_i/mm 区间下水泥颗粒和骨料颗粒的体积百分比 P_{vi}/%								总颗粒 /clump	模型初始平衡步数
	水泥	骨料								
	0.45~0.49	0.49~0.5	0.5~1.0	1.0~1.5	1.5~2.5	2.5~5.0	5.0~8.0	8.0~10.0		
0.2	0.311 7	0.378 1	0.056 2	0.036 7	0.050 7	0.077 6	0.059 0	0.030 0	50 126	1 074 396
0.4	0.311 7	0.207 7	0.066 3	0.048 2	0.073 1	0.126 3	0.107 9	0.058 8	38 580	931 253
0.6	0.311 7	0.114 1	0.058 8	0.047 6	0.079 1	0.154 5	0.147 9	0.086 3	32 244	1 127 758
0.8	0.311 7	0.062 6	0.046 4	0.041 8	0.076 2	0.168 3	0.180 5	0.112 5	28 164	1 067 026

表 4-5　60 g 胶结材料含量下不同骨料颗粒级配 Talbot 指数胶结充填体
试样颗粒流模型的颗粒簇参数

Talbot 指数 n	不同粒径 d_i/mm 区间下水泥颗粒和骨料颗粒的体积百分比 P_{vi}/%								总颗粒 /clump	模型初始平衡步数
	水泥	骨料								
	0.45~0.49	0.49~0.5	0.5~1.0	1.0~1.5	1.5~2.5	2.5~5.0	5.0~8.0	8.0~10.0		
0.2	0.352 1	0.355 9	0.052 9	0.034 5	0.047 7	0.073 0	0.055 6	0.028 3	52 767	1 209 424
0.4	0.352 1	0.195 5	0.062 4	0.045 4	0.068 8	0.118 9	0.101 6	0.055 3	41 673	1 031 365
0.6	0.352 1	0.107 4	0.055 4	0.044 8	0.074 4	0.145 4	0.139 3	0.081 2	35 334	1 075 337
0.8	0.352 1	0.058 9	0.043 7	0.039 4	0.071 7	0.158 4	0.169 9	0.105 9	31 357	1 071 179

　　按照上述各表生成与之试验条件相匹配的颗粒流模型,参考文献[194,202,206,213]介绍的颗粒流模型中细观参数获取方法,校准验证模型与试验的抗压强度和峰值应变,详细给出了不同胶结材料含量下胶结充填体试样颗粒流模型的细观参数,如表 4-6~表 4-9 所示。再经过初始平衡计算,就可以得到不同胶结材料含量和不同骨料颗粒粒径分布下胶结充填体试样的颗粒流模型,如图 4-6 所示,同时给出了模型在中心点处的纵向切片,对应的图例给出了颗粒的半径范围。初始平衡步数如表 4-2~表 4-5 所示,其模型平衡步数与颗粒簇的数量似乎并无直接关系,更多地取决于模型颗粒的空间分布,所有试样的颗粒流模型初始平衡步数大致在 $(0.9~1.2)\times10^6$ 内。

表 4-6　30 g 胶结材料含量下胶结充填体试样颗粒流模型的细观参数

颗粒参数	数值	平行黏结模型参数	数值
弹性模量/MPa	60	弹性模量/MPa	60
法向切向刚度比	3.0	法向切向刚度比	3.0
摩擦因数	0.70	抗拉强度/标准偏差/MPa	0.90/0.05
水泥颗粒密度/(g/cm³)	1.64	黏结强度/标准偏差/MPa	0.70/0.10
骨料颗粒密度/(g/cm³)	2.55	摩擦角/(°)	25

表 4-7　40 g 胶结材料含量下胶结充填体试样颗粒流模型的细观参数

颗粒参数	数值	平行黏结模型参数	数值
弹性模量/MPa	90	弹性模量/MPa	90
法向切向刚度比	3.0	法向切向刚度比	3.0

表 4-7(续)

颗粒参数	数值	平行黏结模型参数	数值
摩擦因数	0.70	抗拉强度/标准偏差/MPa	1.50/0.10
水泥颗粒密度/(g/cm³)	1.64	黏结强度/标准偏差/MPa	1.00/0.10
骨料颗粒密度/(g/cm³)	2.55	摩擦角/(°)	26

表 4-8　50 g 胶结材料含量下胶结充填体试样颗粒流模型的细观参数

颗粒参数	数值	平行黏结模型参数	数值
弹性模量/MPa	130	弹性模量/MPa	130
法向切向刚度比	3.0	法向切向刚度比	3.0
摩擦因数	0.70	抗拉强度/标准偏差/MPa	2.00/0.15
水泥颗粒密度/(g/cm³)	1.64	黏结强度/标准偏差/MPa	1.50/0.15
骨料颗粒密度/(g/cm³)	2.55	摩擦角/(°)	28

表 4-9　60 g 胶结材料含量下胶结充填体试样颗粒流模型的细观参数

颗粒参数	数值	平行黏结模型参数	数值
弹性模量/MPa	200	弹性模量/MPa	200
法向切向刚度比	3.0	法向切向刚度比	3.0
摩擦因数	0.70	抗拉强度/标准偏差/MPa	2.75/0.19
水泥颗粒密度/(g/cm³)	1.64	黏结强度/标准偏差/MPa	2.35/0.17
骨料颗粒密度/(g/cm³)	2.55	摩擦角/(°)	30

此外,还需要注意的是模型中加载板和试样间的伺服控制[193,195]。在单轴压缩试验中,胶结充填体试样处于准静态加载速率 0.002 mm/s 作用下,模型中的上顶墙和下底墙构成加载板以恒定速率朝彼此移动。在常规三轴压缩试验中,胶结充填体试样在 0.04 MPa/s 的围压施加速率下加载至指定围压,再以准静态加载速率 0.002 mm/s 进行轴向加载,所以在模型中同样控制环向侧墙作为加载板先施加围压至指定值,再控制上顶墙和下底墙以恒定速率朝彼此移动。然而,颗粒流模型中的计算法则是以步数作为单位,为了确保模型的计算稳定并使之尽量与试验匹配,通常设定以 m/s 为单位的加载速率[195]。例如,Cho 等[338]以 0.1 m/s 的加载速率进行剪切试验的颗粒流模拟,Park 等[210]则将该加载速率设定为 0.3 m/s。Zhang 等[193]认为当颗粒流模型的加载速率低于 0.08 m/s 时,模型试样同样处于准静态加载条件。因此,本研究根据试验过程中的加载速

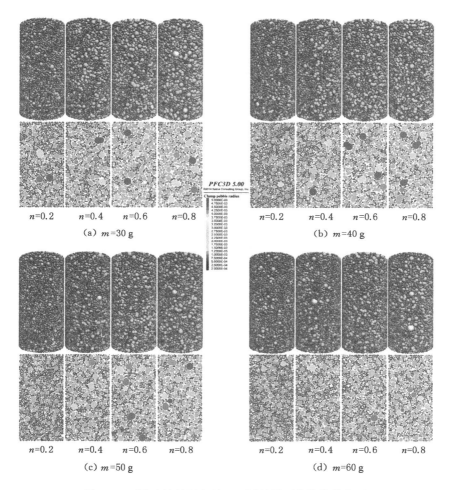

图 4-6 不同胶结材料含量和不同骨料颗粒粒径分布下
胶结充填体试样的颗粒流模型

率 0.002 mm/s,将加载板的加载速率设定为 0.05 m/s。由于涉及不同胶结材料含量和不同骨料颗粒粒径分布,胶结充填体试样的颗粒流模型具有一定差异,其不同模型的时间步长大致在$(3.1\sim4.0)\times10^{-7}$ s/step 范围内,也即加载板的加载速率在$(155\sim200)\times10^{-7}$ mm/step 范围内。这意味着对试样颗粒流模型加载 1 mm 最快也需要0.5×10^{5} step 才能完成,在PFC^{3D}模拟中,该速率可以确保胶结充填体试样处于准静态加载。

4.3 胶结充填体裂纹演化规律及影响因素分析

岩土材料内部的裂纹演化直接关系到结构的承载能力,裂纹的发育、扩展乃至贯通致使结构失稳破坏。通常认为在扩容起始点 c_d 前,材料内部的裂纹演化仍为可控的。并且在第 3 章的研究结果中容易发现,围压、胶结材料含量和骨料颗粒粒径分布对胶结充填体应力应变行为和声发射响应特征的影响也主要表现在扩容起始点 c_d 前后。因此,本节主要探讨不同围压、胶结材料含量和骨料颗粒粒径分布下胶结充填体试样在扩容起始点 c_d 和峰值点 c 的裂纹演化特征。

4.3.1 围压的影响

以胶结材料含量为 30 g 和骨料颗粒级配 Talbot 指数为 0.2 的试样为例,图 4-7 给出了围压对其在不同特征点处裂纹数量的影响,包括裂纹总数、拉裂纹总数和百分比以及剪裂纹总数和百分比。由图可知,不论是在扩容起始点 c_d 还是在峰值点 c,裂纹总数均与围压呈正相关关系。其中常规三轴压缩条件下围压的差异对试样裂纹总数的影响并不明显,但常规三轴压缩条件下试样裂纹总数为单轴压缩条件下的 4 倍以上,表明围压条件下试样内部的裂纹扩展远比单轴条件下的活跃,这与本研究第 3 章结果中的声发射分布特征一致。另外,围压的增大导致试样剪裂纹总数和百分比的增大,而拉裂纹总数和百分比则相反。由于常规三轴压缩条件下试样的裂纹数量过多,全部达到 50 000 条以上,探讨围压差异对裂纹分布特征较为困难,因此在本研究中没有给出相应特征。解决方法只能通过适当增大颗粒尺寸以减少颗粒数量来实现,但其是否与实际情况相符仍有待商榷。

4.3.2 胶结材料含量的影响

以单轴压缩条件下骨料颗粒级配 Talbot 指数为 0.6 的试样为例,图 4-8 给出了胶结材料含量对其在不同特征点处裂纹数量的影响,包括裂纹总数、拉裂纹总数和百分比以及剪裂纹总数和百分比。

由图 4-8 可知,在扩容起始点 c_d,裂纹总数与胶结材料含量呈负相关关系,表明胶结材料含量更低的试样在扩容起始点 c_d 前已表现出活跃的裂纹扩展。而在峰值点 c,裂纹总数与胶结材料含量呈正相关关系,这可以归因于胶结材料含量更高的试样含有更多的颗粒单元。同时容易发现,胶结材料含量的增大造成胶结充填体试样在扩容变形 c_d-c 阶段裂纹演化的巨大差异。其中胶结材料含量为 30 g 试样的裂纹数量由 c_d 点处的 6 243 条发育至 c 点处的 8 593 条,也即

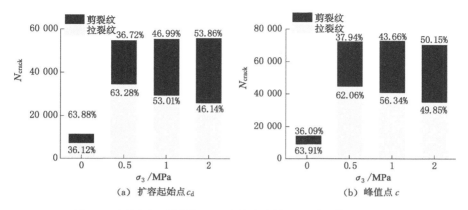

图 4-7　围压对不同特征点处胶结充填体试样裂纹数量的影响

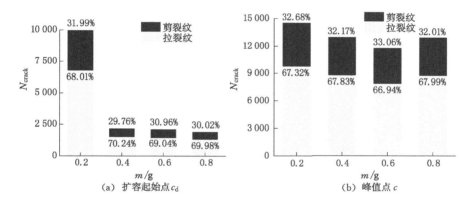

图 4-8　胶结材料含量对不同特征点处胶结充填体试样裂纹数量的影响

在 c_d-c 阶段仅发育 2 350 条裂纹,而胶结材料含量为 60 g 试样的裂纹数量由 c_d 点处的2 109条发育至 c 点处的 11 772 条。据此认为,胶结材料含量的增大强化了胶结充填体的承载结构,结构内部裂纹的非稳定扩展只出现在扩容起始应力 σ_{c_d} 后。而有关胶结材料含量对拉、剪裂纹总数和百分比的影响则未发现明显规律。

　　在一定程度上,试样的强度和变形特性并不仅与裂纹萌生的数量有关,也取决于裂纹的空间分布。因此图 4-9～图 4-12 给出了不同胶结材料含量下胶结充填体试样的裂纹演化。需要解释的是,所有试样在裂纹萌生阈值 c_i 点前均表现出相似的裂纹分布特征,大多裂纹由试样端部萌生;而且裂纹数量均低于 400,难以区分胶结材料含量差异对试样裂纹分布特征的影响。因此,在这里只给出扩容起始点 c_d 和峰值点 c 的裂纹空间分布。

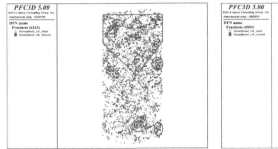
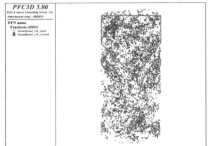

（a）扩容起始点c_d （b）峰值点c

图 4-9   30 g 胶结材料含量下胶结充填体试样的裂纹演化

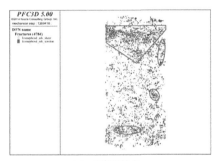
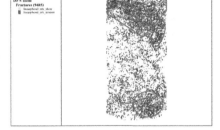

（a）扩容起始点c_d （b）峰值点c

图 4-10   40 g 胶结材料含量下胶结充填体试样的裂纹演化

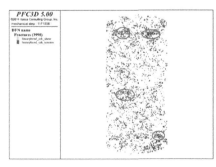
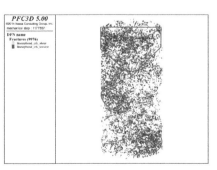

（a）扩容起始点c_d （b）峰值点c

图 4-11   50 g 胶结材料含量下胶结充填体试样的裂纹演化

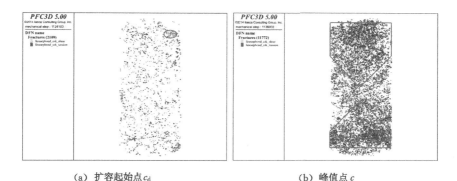

（a）扩容起始点c_d　　　　　　　　　（b）峰值点c

图 4-12　60 g 胶结材料含量下胶结充填体试样的裂纹演化

胶结材料含量为 30 g 的胶结充填体试样在 c_d 点即表现出裂纹的充分扩展，表明该试样裂纹的非稳定扩展发生在 c_d 点之前，如图 4-9（a）所示。此时试样内部已包含 6 243 条裂纹，裂纹主要分布在试样的上部，有向中部和下部发育的趋势，在中部和下部的局部出现裂纹集中。胶结材料含量为 40 g 的胶结充填体试样在 c_d 点处的裂纹远没有胶结材料含量为 30 g 试样的发育，如图 4-10（a）所示。此时试样内部包含 4 784 条裂纹，裂纹主要分布在试样的上部，同样具有向中部发育的趋势，在中部和下部的局部也出现了裂纹集中。而胶结材料含量为 50 g 和 60 g 的胶结充填体试样在 c_d 点则没有表现出明显的裂纹扩展，也未形成明显的裂纹发育趋势，如图 4-11（a）和图 4-12（a）所示。其中：胶结材料含量为 50 g 试样内部包含 3 998 条裂纹，在试样端部和中部的局部出现裂纹集中；而胶结材料含量为 60 g 试样内部仅包含 2 109 条裂纹，只在试样上端部出现裂纹集中。

变形的增大、裂纹的扩展致使原本损伤的结构更加恶化，同时其已表现出的裂纹分布特征将更加明显。在经过扩容变形 c_d-c 阶段后，胶结充填体试样均发生了裂纹的迅速扩展。胶结材料含量为 30 g 的胶结充填体试样的裂纹同样主要分布在试样的上部，局部的裂纹集中已向中部发育，下部左侧结构没有被充分利用，如图 4-9（b）所示。而胶结材料含量为 40 g 的胶结充填体试样的裂纹并未向中部发育，而是沿右侧裂纹集中区域发育，并在试样下端部出现裂纹集中，整个中部结构没有被有效利用，如图 4-10（b）所示。胶结材料含量为 50 g 的胶结充填体试样的裂纹主要分布在试样上部，向左侧裂纹集中区域发育，在试样下端部也出现裂纹集中，中部右侧结构没有被充分利用，如图 4-11（b）所示。与之不同的是，胶结材料含量为 60 g 的胶结充填体试样的裂纹主要分布在试样的上部和下部，上、下部的裂纹分布区域近似呈对称三角形形状，均有向中部发育的趋势，且在中部表现出裂纹的均匀分布，试样承载过程中的整个结构相对较对称，如图 4-12（b）所示。

以上胶结充填体试样的裂纹演化特征基本与第 3 章研究结果中图 3-10～图 3-13 表现出的声发射响应特征基本一致,认为胶结材料含量更低的胶结充填体试样更早损伤,随着胶结材料含量的增大,损伤区域逐渐往后推移;但并不是萌生越多裂纹的试样力学强度就越低,在很大程度上,它还取决于裂纹的空间分布。由此可见,胶结材料含量的增大不仅仅是生成更多的水化产物和致使结构致密化,也通过影响胶结充填体承载过程中的裂纹演化来影响其力学特性。就上述裂纹演化特征而言,胶结材料含量更高的胶结充填体在承载过程中表现出相对更均匀对称的裂纹分布特征,因而具备更优越的结构性能。

4.3.3 骨料颗粒粒径分布的影响

以单轴压缩条件下胶结材料含量为 60 g 的试样为例,图 4-13 给出了骨料颗粒粒径分布对其在不同特征点处裂纹数量的影响,包括裂纹总数、拉裂纹总数和百分比以及剪裂纹总数和百分比。

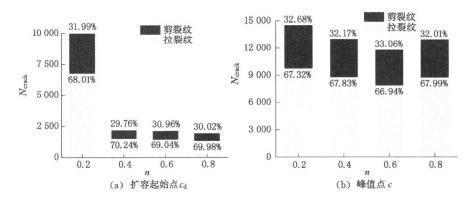

图 4-13   骨料颗粒粒径分布对不同特征点处胶结充填体试样裂纹数量的影响

由图 4-13 可知,在扩容起始点 c_d,裂纹总数与骨料颗粒级配 Talbot 指数呈负相关关系,表明含有更多细颗粒的试样在扩容起始点 c_d 前更容易萌生裂纹。但在峰值点 c,骨料颗粒级配 Talbot 指数为 0.6 的试样的裂纹数量最少,裂纹数量随骨料颗粒级配 Talbot 指数先减小后增大。其中骨料颗粒级配 Talbot 指数为 0.2 的试样在扩容起始点 c_d 处含有 9 971 条裂纹,表明该试样裂纹的非稳定扩展出现在 c_d 前。而骨料颗粒级配 Talbot 指数为 0.4、0.6 和 0.8 试样的裂纹非稳定扩展均发生在 c_d-c 阶段,分别由2 171增长为 12 959、由 2 109 增长为 11 772、由 1 902 增长为 12 891。骨料颗粒粒径分布对拉、剪裂纹总数和百分比似乎并无影响,单轴压缩条件下试样的拉裂纹百分比始终保持在 70% 左右。

图 4-14～图 4-17 给出了不同骨料颗粒级配 Talbot 指数下胶结充填体试样的裂纹演化。由图可知,骨料颗粒级配 Talbot 指数为 0.2 的胶结充填体试样在 c_d 点即表现出裂纹的充分发育,表明该试样裂纹的非稳定扩展发生在 c_d 点之前,如图 4-14(a)所示。此时试样内部已包含 9 971 条裂纹,裂纹主要分布在试样上部左侧,并在上部和下部的局部出现裂纹集中。而骨料颗粒级配 Talbot 指数为 0.4、0.6 和 0.8 的胶结充填体试样在 c_d 点则没有出现非常明显的裂纹分布特征,裂纹总数也较少,维持在 1 900～2 200,且没有出现大量的裂纹集中现象,如图 4-15(a)、图 4-16(a)和图 4-17(a)所示。其中骨料颗粒级配 Talbot 指数为 0.6 的胶结充填体试样表现出更均匀的裂纹分布特征,虽然其裂纹总数 2 109 略大于骨料颗粒级配 Talbot 指数为 0.8 试样的 1 902。骨料颗粒级配 Talbot 指数为 0.4 和 0.8 的胶结充填体试样在局部出现了轻微的裂纹集中,但远没有骨料颗粒级配 Talbot 指数为 0.2 的试样严重。

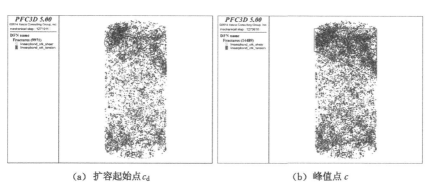

（a）扩容起始点 c_d　　　　　　　（b）峰值点 c

图 4-14　骨料颗粒级配 Talbot 指数 0.2 下胶结充填体试样的裂纹演化

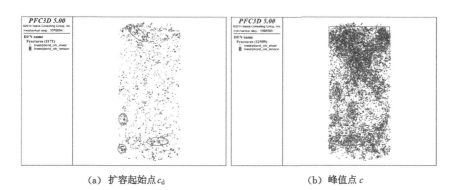

（a）扩容起始点 c_d　　　　　　　（b）峰值点 c

图 4-15　骨料颗粒级配 Talbot 指数 0.4 下胶结充填体试样的裂纹演化

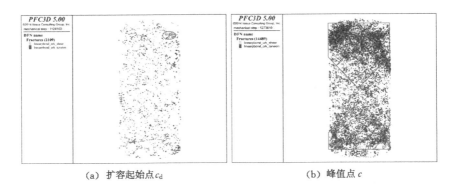

（a）扩容起始点c_d　　　　　　（b）峰值点c

图 4-16　骨料颗粒级配 Talbot 指数 0.6 下胶结充填体试样的裂纹演化

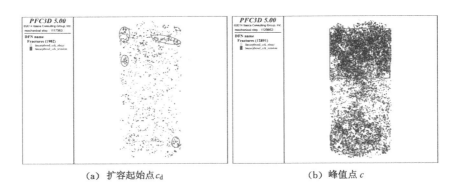

（a）扩容起始点c_d　　　　　　（b）峰值点c

图 4-17　骨料颗粒级配 Talbot 指数 0.8 下胶结充填体试样的裂纹演化

在之后的扩容变形 c_d-c 阶段，不同骨料颗粒粒径分布下的胶结充填体试样均出现了不同程度的裂纹迅速扩展。骨料颗粒级配 Talbot 指数为 0.2 的胶结充填体试样的整个上部表现出裂纹集中特征，在下部的局部也出现多处裂纹集中，未发现任何裂纹发育趋势，中部结构没有被充分利用，如图 4-14（b）所示。骨料颗粒级配 Talbot 指数为 0.4 的胶结充填体试样的裂纹则主要分布在试样的上部，有向中部发育的趋势，在中部和下部的局部出现了裂纹集中，如图 4-15（b）所示。与之不同的是，骨料颗粒级配 Talbot 指数为 0.6 的胶结充填体试样的裂纹主要分布在试样的上部和下部，上、下部的裂纹分布区域近似呈对称三角形状，均有向中部发育的趋势，且在中部表现出裂纹的均匀分布，试样承载过程中的整个结构相对较对称，如图 4-16（b）所示。而骨料颗粒级配 Talbot 指数为 0.8 的胶结充填体试样的裂纹主要分布在试样的上部，在试样下部左侧出现裂纹集中，未发现任何裂纹发育趋势，中部结构没有被充分利用，如图 4-17（b）所示。虽然在裂纹数量上少于骨料颗粒级配 Talbot 指数为 0.4 的试样,但在裂纹分布上远比其更恶劣。

以上胶结充填体试样的裂纹演化特征基本与第 3 章研究结果中图 3-15～图 3-18 表现出的声发射响应特征基本一致,认为骨料颗粒级配 Talbot 指数为 0.2 的试样更早损伤,随着骨料颗粒级配 Talbot 指数的增大,损伤区域逐渐往后推移。但并不是萌生越多裂纹的试样力学强度就越低,在很大程度上,还取决于裂纹的空间分布。例如,骨料颗粒级配 Talbot 指数为 0.6 试样的裂纹的空间分布明显比其他三者更对称、更均匀,无论在 c_d 点还是在 c 点,因此其强度也是所有测试试样中最高的。

4.4　胶结充填体颗粒破坏特征及影响因素分析

4.4.1　围压的影响

以胶结材料含量为 30 g 和骨料颗粒级配 Talbot 指数为 0.2 的试样为例,图 4-18～图 4-21 给出了不同围压下胶结充填体试样的颗粒破坏模式,详细给出了试样中轴线旋转各角度后得到的颗粒破坏模式,颜色越红表征颗粒的断裂滑移越严重。由图可知,颗粒的断裂滑移通常位于小颗粒间的胶结界面处,随着裂纹的扩展逐渐延伸至大颗粒的周围。在单轴压缩条件下,试样端部表现出拉破坏,拉裂纹的交错造成试样局部出现表面剥落,从而导致破坏颗粒的逃逸,如图 4-18 所示。在常规三轴压缩条件下,试样端部表现出更明显的拉破坏,在上端部与下端部拉裂纹起始位置的连接线上,不难发现剪破坏的存在,以围压 0.5 MPa 下的试样更为明显。围压的存在致使断裂颗粒仍可依靠晶粒摩擦或裂隙摩擦继续承载,试样是否完全破坏取决于该剪切摩擦点或剪切摩擦面是否滑移失稳。因此对常规三轴压缩条件下的试样进行解剖,通常可以发现其内部分布的剪切破坏断面。

4.4.2　胶结材料含量的影响

以单轴压缩条件下骨料颗粒级配 Talbot 指数为 0.6 的试样为例,图 4-22～图 4-25 给出了不同胶结材料含量下胶结充填体试样的颗粒破坏模式。

由图 4-22～图 4-25 可知,单轴压缩条件下试样的颗粒破坏模式均表现为拉剪破坏,试样端部表现出明显的拉破坏。在胶结材料含量为 30 g、40 g 和 60 g 的试样中出现大量的表面剥落,而胶结材料含量为 50 g 的试样只在局部表现出拉破坏,未发现明显的表面剥落现象。需要注意的是,由于拉剪裂纹在结构中的

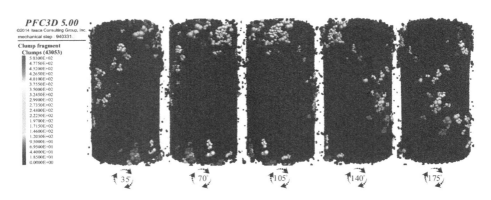

图 4-18　单轴压缩下胶结充填体试样的颗粒破坏模式

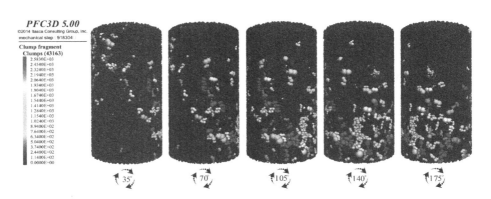

图 4-19　0.5 MPa 围压下胶结充填体试样的颗粒破坏模式

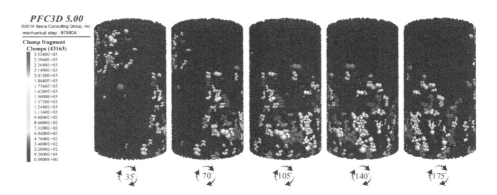

图 4-20　1.0 MPa 围压下胶结充填体试样的颗粒破坏模式

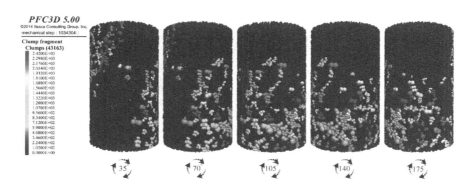

图 4-21　2.0 MPa 围压下胶结充填体试样的颗粒破坏模式

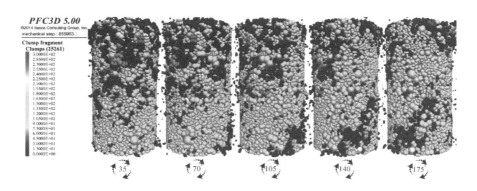

图 4-22　30 g 胶结材料含量下胶结充填体试样的颗粒破坏模式

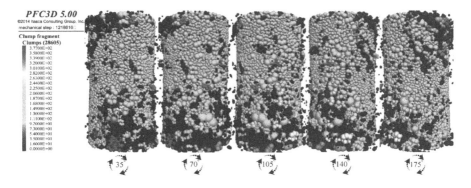

图 4-23　40 g 胶结材料含量下胶结充填体试样的颗粒破坏模式

图 4-24　50 g 胶结材料含量下胶结充填体试样的颗粒破坏模式

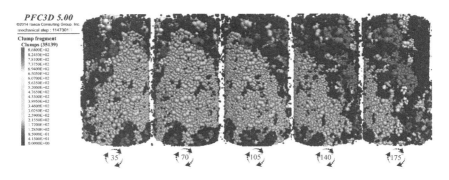

图 4-25　60 g 胶结材料含量下胶结充填体试样的颗粒破坏模式

集中,颗粒破坏模式也表现出一定的剪胀。例如,胶结材料含量为 30 g 的试样在整个上端部出现剪胀,胶结材料含量为 40 g 的试样在上端部和下端部的局部出现剪胀,而胶结材料含量为 50 g 和 60 g 的试样均只在下端部的局部出现剪胀。由此可见,胶结材料含量更高的胶结充填体试样似乎更不容易表现出明显的剪胀。

4.4.3　骨料颗粒粒径分布的影响

以单轴压缩条件下胶结材料含量为 60 g 的试样为例,图 4-26～图 4-29 给出了不同骨料颗粒级配 Talbot 指数下胶结充填体试样的颗粒破坏模式。

由图 4-26～图 4-29 可知,单轴压缩条件下不同骨料颗粒级配 Talbot 指数的试样颗粒破坏模式均表现为拉剪破坏,大量的拉裂纹的交错造成试样表面剥落。需要注意的是,由于拉剪裂纹在结构中的集中,颗粒破坏模式也表现出一定的剪胀。例如,骨料颗粒级配 Talbot 指数为 0.2 的试样在整个上端部和下端部

图 4-26　骨料颗粒级配 Talbot 指数 0.2 下胶结充填体试样的颗粒破坏模式

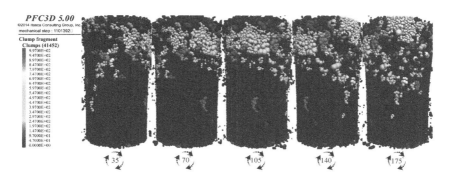

图 4-27　骨料颗粒级配 Talbot 指数 0.4 下胶结充填体试样的颗粒破坏模式

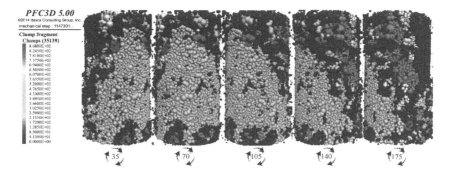

图 4-28　骨料颗粒级配 Talbot 指数 0.6 下胶结充填体试样的颗粒破坏模式

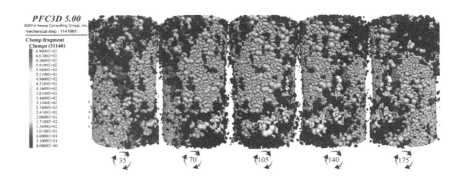

图 4-29　骨料颗粒级配 Talbot 指数 0.8 下胶结充填体试样的颗粒破坏模式

的局部出现剪胀,骨料颗粒级配 Talbot 指数为 0.4 的试样在上端部的局部出现剪胀,骨料颗粒级配 Talbot 指数为 0.8 的试样在上端部和下端部的局部出现剪胀,而骨料颗粒级配 Talbot 指数为 0.6 的试样均只在下端部的局部出现剪胀。由此可见,在颗粒破坏模式上,骨料颗粒级配 Talbot 指数为 0.6 的胶结充填体试样同样表现出较好的结构性能,整个结构被充分利用,不会出现明显的局部集中破坏和剪胀。这与由声发射监测和微观结构试验所获得的结果基本一致。

4.5　本章小结

本章采用扫描电子显微镜观察了胶结充填体的微观结构,探讨了胶结材料含量和骨料颗粒粒径分布对胶结充填体微观结构特征的影响规律。在此基础上,利用颗粒流软件 PFC^{3D}建立了胶结充填体的数值计算模型,再现了不同围压、胶结材料含量和骨料颗粒粒径分布下胶结充填体承载过程中的裂纹演化和颗粒破坏,揭示了围压、胶结材料含量和骨料颗粒粒径分布对胶结充填体力学特性的影响机制。主要结论如下:

(1)胶结材料含量更高的胶结充填体,含有更多的针状或网状的 C-S-H 凝胶等水化产物附着在颗粒间以强化骨料颗粒间的链接,并填充更多的微孔和微裂隙等缺陷,致使结构更稳定、更致密。

(2)更细的骨料颗粒粒径分布(骨料颗粒级配 Talbot 指数为 0.2)的胶结充填体表现出更恶劣的微观结构,在孔隙结构中不仅包含更多的微孔和微裂纹等缺陷,并伴随着一些远大于微孔的直径 0.1 mm 左右的孔洞和连通大量微孔的贯穿微裂纹,在骨料颗粒与胶结材料水化产物构成的骨架结构中还出现了一些损伤的边界(骨料颗粒-胶结材料边界)。而更粗的骨料颗粒粒径分布(骨料颗粒级配 Talbot 指数为 0.8)的胶结充填体表现出更粗的微孔和微裂纹的分布,过粗的骨料颗粒间的孔隙无法由水化产物和二次水化产物完全填充。相同试验条件下,骨料颗粒级配 Talbot 指数为 0.4 和 0.6 的胶结充填体相对表现出更致密、更优越的微观结构。

(3) 在扩容起始点和峰值点,胶结充填体的裂纹总数、剪裂纹总数和百分比均与围压呈正相关关系,而拉裂纹总数和百分比则与围压呈负相关关系。在扩容起始点,胶结充填体的裂纹总数与胶结材料含量呈负相关关系。而在峰值点,胶结充填体的裂纹总数与胶结材料含量呈正相关关系。随着胶结材料含量的增大,胶结充填体表现出更均匀的裂纹分布,裂纹的非稳定扩展也多发生在扩容起始点后,表现出较好的结构性能。在扩容起始点,胶结充填体的裂纹总数与骨料颗粒级配 Talbot 指数呈负相关关系。而在峰值点,胶结充填体的裂纹总数则随骨料颗粒级配 Talbot 指数先减小后增大,两者呈二次多项式关系。在裂纹的分布特征上,骨料颗粒级配 Talbot 指数为 0.6 的胶结充填体表现出更均匀、更对称的结构。而拉、剪裂纹总数和百分比与胶结材料含量和骨料颗粒级配 Talbot 指数间未发现明显规律。

(4) 单轴压缩条件下的胶结充填体由于拉裂纹交错容易出现表面剥落现象,并在端部形成明显的拉破坏。常规三轴压缩条件下的胶结充填体则更容易在结构内部形成剪切破坏。胶结材料含量更低的胶结充填体,由于裂纹集中更容易形成局部剪胀。在骨料颗粒粒径分布对胶结充填体的颗粒破坏模式的影响上,骨料颗粒级配 Talbot 指数为 0.6 的胶结充填体表现出较好的结构性能,不会出现明显的局部集中破坏和剪胀。

5 胶结充填体超声波响应特征及
抗压强度预测模型

在了解胶结充填体的力学特性及其影响机制的基础上,可以设计合理的胶结充填材料进行工程应用。采用所设计材料生成的胶结充填体是否可以满足工程预期要求,需要在充填现场进行有效评估或预测。但是,工程现场难以测试胶结充填体的力学参数,也不可能对其微观结构进行实时扫描。而超声波技术则以简单、便捷、无损、经济和有效等优点在评估或预测胶结充填体稳定性上得到广泛应用。因此,本章利用 RSM-SY6 型超声波自动循环测试仪开展胶结充填体的超声波探测试验,探索胶结材料含量和骨料颗粒粒径分布对胶结充填体超声波脉冲速度的影响规律,发掘胶结充填体抗压强度与超声波脉冲速度的关系,试图基于该关系建立胶结充填体抗压强度的预测模型。

5.1 胶结充填体超声波探测试验

5.1.1 试验设备

采用 RSM-SY6 型超声波自动循环测试仪对胶结充填体试样进行超声波脉冲速度(纵向 P 波速度)测试,如图 5-1 所示。该测试仪的声幅精度小于等于 3%,声时精度小于等于 0.5%,换能器的频率为 50 kHz,测试介质的长度确定在 0.1 mm 的精度范围内,扫描速度可超过每秒 20 个周期,采样间隔为 0.1～200 μs。

5.1.2 试验方法和方案

在对胶结充填体试样进行超声波脉冲速度测试之前,需要先将凡士林涂抹于换能器(发射器和接收器)表面和试样两端面,以确保其完全接触并消除换能器和测试介质之间的空化现象。这样可以提供换能器表面和试样端面间的最佳耦合,从而最大限度地提高超声波脉冲速度的测量精度[339]。作为最令人满意和可靠的方法,超声波测试技术被直接应用于试验,其中发射器和接收器位于胶

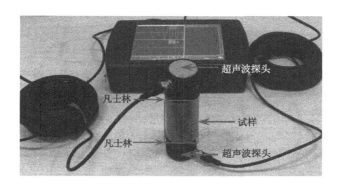

图 5-1 超声波自动循环测试仪

结充填体试样的两端。对同一试样重复读取 5 次不同测试时间的超声波脉冲速度,取平均值作为该试样的试验结果。

表 5-1 给出了胶结充填体超声波脉冲速度测试试验方案,分别对 4 种胶结材料含量和 4 种骨料颗粒级配 Talbot 指数的 16 种试样进行超声波脉冲速度测试,总共 208 个胶结充填体试样。超声波脉冲速度测试必须在试样完成养护后,并于单轴压缩或常规三轴压缩试验前迅速完成,之后试样压缩破坏不再进行超声波脉冲速度测试。

表 5-1 胶结充填体超声波脉冲速度测试试验方案

胶结材料含量 m/g	骨料颗粒级配 Talbot 指数 n
30	0.2、0.4、0.6、0.8
40	0.2、0.4、0.6、0.8
50	0.2、0.4、0.6、0.8
60	0.2、0.4、0.6、0.8

5.1.3 试验结果与分析

以往的研究表明,胶结材料种类和含量、含水量(水灰比)、辅助添加材料(纳米材料、生物质材料、聚合物、纤维、碱性矿物和吸水物质等)和环境条件(养护温度、养护时间、腐蚀和应力场等)等许多因素会影响胶结充填体和混凝土等水泥基材料的超声波脉冲速度[216-226]。研究人员普遍从水化过程或水化产物的角度探讨其对材料超声波脉冲速度的影响,认为生成更多更稳定水化产物和具有更低孔隙的水泥基材料具有更高的超声波脉冲速度。涉及骨料颗粒对胶结充填体超声波脉冲速度的影响研究也大多从化学角度出发，认为骨料颗粒容易释放有害元素影响胶结材料的水化反应和水化产物。尚未发现量化骨料颗粒粒径分布对胶结充填体超声波脉冲速度影响的相关研究。当前的研究中，评估了骨料颗粒粒径分布和胶结材料含量对胶结充填体超声波脉冲速度的影响。与骨料颗粒级配 Talbot 指数对胶结充填体强度参数的影响一致，超声波脉冲速度同样随骨料颗粒级配 Talbot 指数先增大后减小，图 5-2 给出了不同胶结材料含量下胶结充填体试样超声波脉冲速度与骨料颗粒粒径分布的关系。从图中不难看出，无论在何种胶结材料含量下，骨料颗粒级配 Talbot 指数为 0.4 和 0.6 的胶结充填体的超声波脉冲速度始终高于其他两者。这归因于过细的骨料颗粒分布造成结构内部广泛分布的微孔和微裂纹等缺陷，过粗的骨料颗粒分布形成大的孔洞无法被细颗粒和水化产物完全填充，而更优越的颗粒分布则较好地改善这些缺陷，这与本研究第 4 章和 Ke 等[86]的研究结果完全一致。

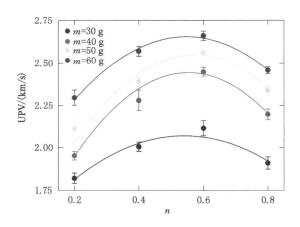

图 5-2　不同胶结材料含量下胶结充填体试样超声波脉冲速度与
骨料颗粒粒径分布的关系

胶结充填体的超声波脉冲速度随着骨料颗粒级配 Talbot 指数先增大后减小，并且由微观结构分析证明存在更优越的骨料颗粒分布以改善胶结充填体结构。据此可以构建一个二次函数关系 $\text{UPV} = f(n)$ 来描述胶结充填体超声波脉冲速度与骨料颗粒级配 Talbot 指数的关系，以量化骨料颗粒粒径分布对胶结充填体超声波脉冲速度的影响。并且该函数关系在级配范围 $n \in (0,1)$ 内可求得反映材料最大超声波脉冲速度的最优级配，关系的建立具有明确的物理意义。即在 $f'(n) = 0$ 时，有 $f(n) = \text{UPV}_{\text{max}}$。

$$\text{UPV} = \xi_{\text{UT1}} n^2 + \xi_{\text{UT2}} n + \xi_{\text{UT3}} \tag{5-1}$$

式中，ξ_{UT1}、ξ_{UT2} 和 ξ_{UT3} 为试验控制参数，与试验条件（胶结材料含量、养护时间和养护温度等）相关。

根据式（5-1），容易得到不同胶结材料含量下胶结充填体试样超声波脉冲速度与骨料颗粒级配 Talbot 指数的拟合关系式，如表 5-2 所示。

表 5-2　不同胶结材料含量下胶结充填体试样超声波脉冲速度与骨料颗粒级配 Talbot 指数的拟合关系式

胶结材料含量 m/g	拟合关系式	相关系数 R	决定系数 R^2
30	$UPV = -2.211\ 6n^2 + 2.393\ 6n + 1.421\ 1$	0.910 2	0.828 5
40	$UPV = -3.961\ 1n^2 + 4.386\ 4n + 1.228\ 8$	0.987 3	0.974 8
50	$UPV = -3.763\ 6n^2 + 4.302\ 2n + 1.320\ 1$	0.924 4	0.854 5
60	$UPV = -3.080\ 8n^2 + 3.375\ 2n + 1.730\ 9$	0.983 8	0.967 9

由表 5-2 可知，二次函数可以较好地描述胶结充填体试样超声波脉冲速度与骨料颗粒粒径分布的关系，相关系数基本都达到 0.9 以上。认为由超声波脉冲速度得到的表征最优胶结充填材料特性的最优骨料颗粒级配 Talbot 指数介于 0.4～0.6 之间，这与第 3 章和第 4 章的研究结果具有一致性。

图 5-3 则给出了不同骨料颗粒级配 Talbot 指数下胶结材料含量对胶结充填体试样超声波脉冲速度的影响。由图可知，不论在何种骨料颗粒粒径分布下，试样的超声波脉冲速度均随着胶结材料含量的增加而增加。显然，该影响机制已被证明，认为胶结材料含量的增加有利于水化产物（钙矾石和 C-S-H 凝胶等）的增多，导致胶结充填体孔隙度的降低和微裂纹微孔等缺陷的减少[43,55,340]。同样可以采用正线性函数描述不同骨料颗粒粒径分布下胶结充填体试样超声波脉冲速度与胶结材料含量的关系，对应的拟合关系式如表 5-3 所示。

表 5-3　不同骨料颗粒粒径分布下胶结充填体试样超声波脉冲速度与胶结材料含量的拟合关系式

骨料颗粒级配 Talbot 指数 n	拟合关系式	相关系数 R	决定系数 R^2
0.2	$UPV = 0.015\ 9m + 1.327\ 5$	0.996 2	0.992 4
0.4	$UPV = 0.018\ 7m + 1.452\ 6$	0.993 5	0.987 0
0.6	$UPV = 0.019\ 3m + 1.587\ 5$	0.901 5	0.812 7
0.8	$UPV = 0.017\ 6m + 1.425\ 1$	0.976 3	0.953 2

$$UPV = \xi_{Um1} m + \xi_{Um2} \tag{5-2}$$

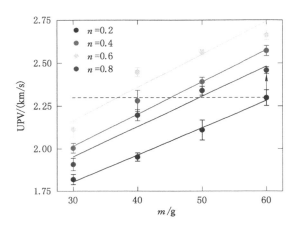

图 5-3　不同骨料颗粒粒径分布下胶结充填体试样超声波脉冲速度与
胶结材料含量的关系

式中，ξ_{Um1} 和 ξ_{Um2} 为试验控制参数，与试验条件（骨料颗粒粒径分布、养护时间和养护温度等）相关。ξ_{Um1} 表征试样超声波脉冲速度对胶结材料含量的敏感程度。

　　由图 5-3 和表 5-3 可知，正线性函数可以较好地描述胶结充填体试样超声波脉冲速度与胶结材料含量的关系，相关系数均达到 0.9 以上。其中骨料颗粒级配 Talbot 指数为 0.6 的试样超声波脉冲速度对胶结材料含量的敏感程度总高于其他试样。

　　值得注意的是，在图 5-3 中，40 g 胶结材料含量下骨料颗粒级配 Talbot 指数为 0.6 试样的超声波脉冲速度已经略微超过 60 g 胶结材料含量下骨料颗粒级配 Talbot 指数为 0.2 的胶结充填体试样。50 g 胶结材料含量下骨料颗粒级配 Talbot 指数为 0.4、0.6 和 0.8 试样的超声波脉冲速度全部超过 60 g 胶结材料含量下骨料颗粒级配 Talbot 指数为 0.2 的胶结充填体试样。同样的，60 g 胶结材料含量下骨料颗粒级配 Talbot 指数为 0.4、0.6 和 0.8 试样的超声波脉冲速度远远大于相同含量下骨料颗粒级配 Talbot 指数为 0.2 的胶结充填体试样。部分学者[341-343]认为，水泥基材料的超声波脉冲速度在一定程度上反映了材料内部的孔隙结构和骨架结构的优劣，因此其超声波脉冲速度和力学特性也表现出很高的相关性。本研究第 4 章结果表明，过细或过粗的骨料颗粒粒径分布均造成胶结充填体结构的劣化。据此不难判断，具备更优越骨料颗粒粒径分布的胶结充填体在胶结材料含量更低时仍表现出稳定的内部结构，从而反映在材料超声波脉冲速度的强化上。而当胶结含量增大时，具备更优越骨料颗粒粒径分布的胶结充填体同样在超声波脉冲速度上表现出更高的增长幅度。为了更直观地表现这种强化作用,图 5-4 给出了胶结材料含量增加对不同骨料颗粒粒径分布下胶结充填体试样超声波脉冲速度的影响。无疑,合理的骨料颗粒粒径分布将大大提高胶结充填材料的充填效果,可以有效改善胶结充填体的结构性能,并在一定程度上减少胶结材料的使用量。

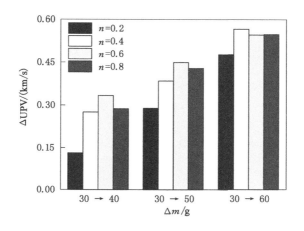

图 5-4 胶结材料含量增加对不同骨料颗粒粒径分布下胶结充填体试样
超声波脉冲速度的影响

$$\Delta m_i = m_{i+1} - m_i, (i \geqslant 1) \qquad (5-3)$$
$$\Delta \text{UPV}_i = \text{UPV}_{i+1} - \text{UPV}_i, (i \geqslant 1) \qquad (5-4)$$

式中:Δm 为胶结材料含量的变化量;ΔUPV 为胶结材料含量变化所对应试样超声波脉冲速度的变化量。

因此,需要更详细地了解胶结材料含量和骨料颗粒粒径分布对胶结充填体超声波脉冲速度的耦合影响。参考胶结材料含量和骨料颗粒粒径分布耦合作用下胶结充填体抗压强度模型建立的方法,同样容易构建该耦合作用下胶结充填体超声波脉冲速度的数学模型:

$$\text{UPV} = \xi_{U1} m^2 + \xi_{U2} m + \xi_{U3} n^2 + \xi_{U4} n + \xi_{U5} mn + \xi_{U6} \qquad (5-5)$$

式中,ξ_{U1}、ξ_{U2}、ξ_{U3}、ξ_{U4}、ξ_{U5} 和 ξ_{U6} 均为试验控制参数,与试验条件(养护时间、养护温度等)相关。

图 5-5 反映了胶结材料含量和骨料颗粒粒径分布对胶结充填体试样超声波脉冲速度的耦合影响,并给出了试样超声波脉冲速度的试验平均值和偏差。由图可知,式(5-5)可以较好地描述胶结材料含量和骨料颗粒粒径分布对胶结充填材料超声波脉冲速度的耦合影响,相关系数达到了 0.978 1。由于涉及影响因素的耦合作用,胶结充填材料的超声波脉冲速度在三维空间中表现出一定的非线性特征。

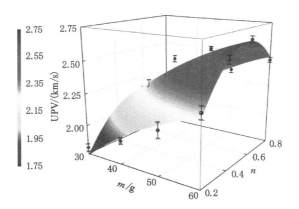

图 5-5　胶结材料含量和骨料颗粒粒径分布对胶结充填体试样超声波脉冲速度的耦合影响

5.2　胶结充填体抗压强度预测模型

5.2.1　胶结充填体抗压强度与超声波脉冲速度的关系

在以往的研究中，人们发现内部结构更稳定的岩土材料（包括固结土、岩石和混凝土等）同时表现出更优越的力学特性和超声波响应特征，普遍认为材料的强度参数和超声波脉冲速度具有一定的相关性，该机制由其内部结构决定[214,217]。因此，人们认为可以采用超声波脉冲速度来预测岩土材料的强度参数[344-348]，而且超声波探测试验可以简单、便捷、无损、经济、有效地评估岩土材料的力学特性和结构性能，已在岩土领域广泛应用[214,217,344-348]，但这必须建立在材料强度参数与超声波脉冲速度关系的绝对可靠性上[349-351]。在本研究中，使用最小二乘回归方法分析了所有胶结充填体试样抗压强度与超声波脉冲速度的关系，包括线性、指数和幂函数；并确定了每个具有最高相关系数的拟合方程，发现指数形式更适合描述胶结充填材料抗压强度与超声波脉冲速度的关系。但在以往的研究中，通常采用常规指数形式描述两者的关系，也即 $\sigma_{1c} = \xi_{c1} e^{\xi_{c2} \mathrm{UPV}}$[352]。根据该式容易发现当超声波脉冲速度无限趋近于 0 或等于 0 时，抗压强度仍然可以等于一个常数 ξ_{c1}。显然，这与事实不符。在胶结充填材料的超声波探测试验和力学强度试验中，只有当散体材料不能成形时，亦即不能形成稳定结构时，其超声波脉冲速度和抗压强度同时为 0。因此，将该关系修改为：

$$\sigma_{1c} = \xi_{c1} e^{\xi_{c2} \mathrm{UPV}} - \xi_{c1} \tag{5-6}$$

式中，ξ_{c1} 和 ξ_{c2} 均为试验控制参数，与试验条件（胶结材料种类和含量、骨料颗粒粒径分布、养护时间和温度等)相关。

按照式(5-6)可以得到不同围压下胶结充填体试样抗压强度与超声波脉冲速度的关系,如图 5-6 所示。由图可知,即使胶结充填材料具有不同的胶结材料含量和骨料颗粒粒径分布,其抗压强度与超声波脉冲速度也表现出较高的相关性,试样的抗压强度总是随着超声波脉冲速度的增大而增大。

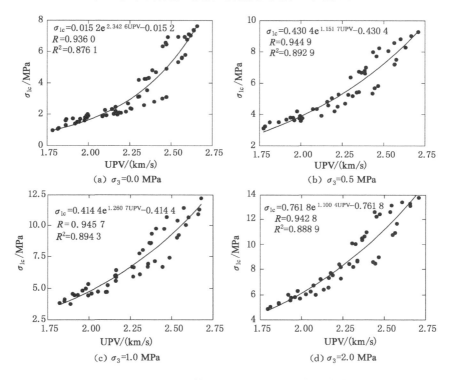

图 5-6　不同围压下胶结充填体试样抗压强度与超声波脉冲速度的关系

5.2.2　胶结充填体抗压强度的预测结果

根据图 5-6 给出的不同围压下胶结充填体试样抗压强度与超声波脉冲速度的关系,可以得到不同围压下试样抗压强度试验值与预测值之间的偏差,如图 5-7 所示。

由图 5-7 可知,试样抗压强度试验值与预测值相差并不大,但仍需评估两者在统计学意义上的差异,以确定上述关系可以可靠地用于使用超声波脉冲速度来预测胶结充填材料的强度参数。给定任意胶结充填体试样抗压强度的试验数据为 σ_{1ci},对应的由超声波脉冲速度得到的预测抗压强度为 σ'_{1ci},样本总数为

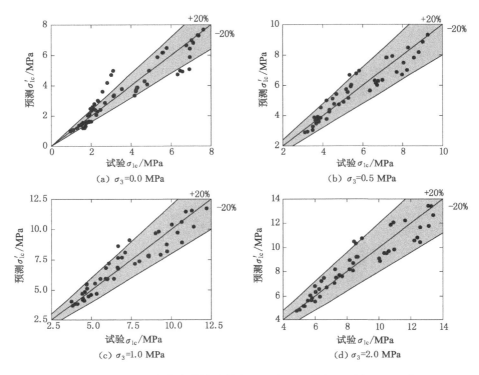

图 5-7 不同围压下胶结充填体试样抗压强度试验值与预测值之间的偏差

N_g，引入均方误差（MSE）、均方根误差（RMSE）、平均绝对误差（MAE）和平均绝对误差百分比（MAPE）对抗压强度试验值和预测值进行评估。

$$MSE = \frac{\sum\limits_{i=1}^{N_g} (\sigma'_{1ci} - \sigma_{1ci})^2}{N_g} \tag{5-7}$$

$$RMSE = \sqrt{\frac{\sum\limits_{i=1}^{N_g} (\sigma'_{1ci} - \sigma_{1ci})^2}{N_g}} \tag{5-8}$$

$$MAE = \frac{\sum\limits_{i=1}^{N_g} |\sigma'_{1ci} - \sigma_{1ci}|}{N_g} \tag{5-9}$$

$$MAPE = \frac{1}{N_g} \sum\limits_{i=1}^{N_g} \left| \frac{\sigma'_{1ci} - \sigma_{1ci}}{\sigma'_{1ci}} \right| \times 100\% \tag{5-10}$$

根据式（5-7）～式（5-10）可以得到上述基于超声波脉冲速度的胶结充填材

料抗压强度预测模型的评估指标,如表 5-4 所示。由表可知,预测抗压强度与试验数据的误差普遍偏低,最高仅有 0.891 5 MPa,出现在 2.0 MPa 围压条件下。最低相关系数达到 0.936 0,出现在单轴压缩条件下。除了表现在预测模型的高相关性上,其平均绝对误差百分比最高仅有 14.728 9%,同样出现在单轴压缩条件下。在常规三轴压缩条件下,预测模型的平均绝对误差百分比普遍低于 10%。据此可以判断上述预测模型是较可靠的,可以用于评估和预测胶结充填材料的强度参数。为了更直观地表现该模型抗压强度预测值与试验数据的差异,图 5-8 给出了不同围压、胶结材料含量和骨料颗粒粒径分布共 64 种试验条件下 208 个试样的预测抗压强度与试验数据的对比。

表 5-4 胶结充填材料抗压强度预测模型的评估指标

围压 σ_3/MPa	MSE/MPa^2	RMSE/MPa	MAE/MPa	MAPE/%	R	R^2
0.0	0.512 8	0.716 1	0.501 7	14.728 9	0.936 0	0.876 1
0.5	0.342 9	0.585 6	0.472 6	8.262 1	0.944 9	0.892 9
1.0	0.602 0	0.775 9	0.616 5	8.532 2	0.945 7	0.894 3
2.0	0.794 7	0.891 5	0.686 0	7.333 2	0.942 8	0.888 9

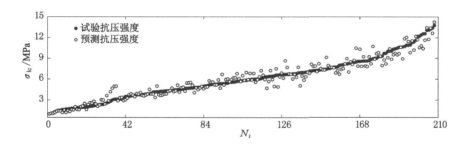

图 5-8 抗压强度预测值与试验数据的对比

5.3 本章小结

本章利用 RSM-SY6 型超声波自动循环测试仪开展了胶结充填体的超声波探测试验,探讨了胶结材料含量和骨料颗粒粒径分布对胶结充填体超声波脉冲速度的影响规律。建立了不同围压条件下胶结充填体抗压强度与超声波脉冲速度的关系,基于该关系提出了胶结充填体抗压强度的预测模型。主要结论如下:

(1)胶结充填体的超声波脉冲速度随骨料颗粒级配 Talbot 指数先增大后

减小,可以采用二次多项式关系描述两者的关系,该关系在级配范围内的拐点表征反映胶结充填体最大超声波脉冲速度的最优骨料颗粒粒径分布。而胶结充填体的超声波脉冲速度则与胶结材料含量呈正线性关系,不同骨料颗粒级配 Talbot 指数下胶结充填体的超声波脉冲速度对胶结材料含量的敏感程度表现出巨大差异。

(2) 在不同围压条件下,胶结充填体抗压强度均随着超声波脉冲速度的增大而增大,可以采用指数关系 $\sigma_{1c} = \xi_{c1} e^{\xi_{c2} UPV} - \xi_{c1}$ 描述两者关系,基于该关系得到的胶结充填体抗压强度预测值与试验数据的平均绝对误差百分比介于 7% ～ 15% 之间。

6 胶结充填体蠕变特性及蠕变本构模型

胶结充填体在上覆岩层的长时作用下产生蠕变变形,如果结构蠕变变形过大,将发生加速蠕变破坏,导致上覆岩层和地表沉陷的加剧,乃至引发一系列灾害。因此,在了解胶结充填体常规力学特性的基础上,需要进一步探讨其在蠕变条件下表现出的力学特性。本章利用 MTS815 电液伺服岩石力学试验系统开展胶结充填体在单轴压缩和常规三轴压缩下的分级蠕变试验,探讨围压、胶结材料含量和骨料颗粒级配 Talbot 指数对胶结充填体蠕变特征的影响规律。采用 Burgers 蠕变模型描述胶结充填体的黏弹性特征,分析围压、胶结材料含量和骨料颗粒级配 Talbot 指数对模型参数的影响。构建胶结充填体的非线性黏弹塑性蠕变模型,并设计优化模型参数的遗传算法,利用该算法对试验结果进行成功辨识,并讨论所构建模型参数的物理意义。在此基础上,推导该蠕变模型的三维形式,分析蠕变引起的胶结充填体损伤的机理,提出一种考虑损伤的非线性黏弹塑性蠕变模型。

6.1 胶结充填体蠕变试验

6.1.1 试验方法

利用 MTS815 电液伺服岩石力学试验系统对胶结充填体开展单轴压缩和常规三轴压缩下的蠕变试验,试验系统参数在本书第 3 章已经给出。参照第 3 章的试验方法,将胶结充填体试样固定在 MTS815 底座上,连接环向引伸计和声发射探头,然后对试样施加 0.25 kN 的预应力。在单轴压缩蠕变试验中,试样可以直接按照预先设置的程序进行轴向加载。在常规三轴压缩试验中,对试样施加完预应力后,需要先按 0.04 MPa/s 的速率加载围压至设定值,然后保持围压恒定,再以预先设置的程序进行轴向加载。

本研究采用分级加载对胶结充填体试样进行蠕变试验。由于涉及不同围压、胶结材料含量和骨料颗粒粒径分布的胶结充填体试样抗压强度差异较大,如果固定加载级数,则不同试样的每级荷载相差较大,似乎较难体现围压、胶结材料含量和骨料颗粒粒径分布的影响。因此,固定每级荷载大小,对试样进行逐级加载,直至试样破坏。图 6-1 给出了胶结充填体试样蠕变试验的设置程序,采用轴向力控制的加载方案,加载速率为 0.02 kN/s,每级荷载递增 2 kN,分别为 2 kN、4 kN、…、26 kN、28 kN,对应的轴向应力为 1.018 6 MPa、2.037 2 MPa、…、13.241 7 MPa、14.260 3 MPa,每级荷载保持蠕变 7 200 s。由于设置了荷载保持,试样蠕变破坏瞬时,MTS815 系统仍执行荷载保持程序,试样此时已不具备足够的承载能力,压头冲击试样容易造成系统损伤和设备损坏,为此必须设置保护程序为轴向位移达到 7~10 mm 时系统停止所有执行程序。为了在试样蠕变破坏瞬时测得足够的试验数据,采样间隔仍设置为 0.5 s。

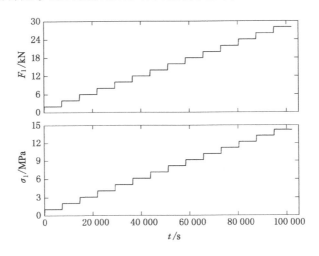

图 6-1　胶结充填体试样蠕变试验的设置程序

6.1.2　试验方案

由于蠕变级数过多、蠕变时间过长,不可能在有限的时间内完成类似于第 3 章中表 3-1 给出的 64 种试验条件下胶结充填体的蠕变试验,因此,对胶结充填体的蠕变试验不再执行全面试验方法;而正交试验获得的试验信息过少,在这里也不予考虑。由前几章的研究结果容易发现,骨料颗粒级配 Talbot 指数为 0.2 的胶结充填体表现出最差的力学特性和结构性能,而骨料颗粒级配 Talbot 指数为 0.6 的胶结充填体则相反。因此,表 6-1 给出了胶结充填体试样在单轴压缩和常规三轴压缩条件下的蠕变试验方案,以探讨不同围压、胶结材料含量和骨料颗粒粒径分布下胶结充填体的蠕变特性。在对试样进行蠕变压缩前,必须测试其超声波脉冲速度,以确保其与相同条件下的其他试样具有相似的力学特性,对于超声波脉冲速度与相同条件下试样的平均值相差较大的试样则必须舍去。

表 6-1 胶结充填体试样蠕变试验方案

围压 σ_3/MPa	胶结材料含量 m/g	骨料颗粒级配 Talbot 指数 n
0.0、0.5、1.0、2.0	30	0.2、0.6
0.0	30、40、50、60	0.2、0.6
0.0	40、50	0.2、0.4、0.6、0.8

6.2 胶结充填体蠕变特性及影响因素分析

为了探讨围压、胶结材料含量和骨料颗粒粒径分布对胶结充填体蠕变特征的影响,首先需要了解其蠕变过程中的变形特征。以胶结材料含量为 30 g 和骨料颗粒级配 Talbot 指数为 0.6 的试样为例,图 6-2 给出了其蠕变条件,该试样处于 0.5 MPa 恒定围压下第 4 级荷载 8 kN 的蠕变条件。该试样轴向应变、体积应变、轴向应变速率和体积应变速率随时间变化的曲线如图 6-3 所示。

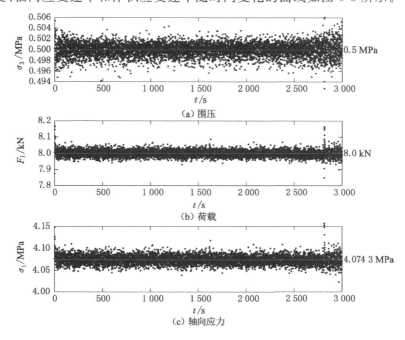

图 6-2 胶结充填体试样的蠕变条件

由图 6-3 可知,试样在恒定应力 $\sigma_1 - \sigma_3 = 3.574\ 3$ MPa 的条件下经历了衰减蠕变 $o\text{-}t_A$、稳定蠕变 $t_A\text{-}t_S$ 和加速蠕变 $t_S\text{-}t_F$ 阶段。在衰减蠕变 $o\text{-}t_A$ 阶段,试样的

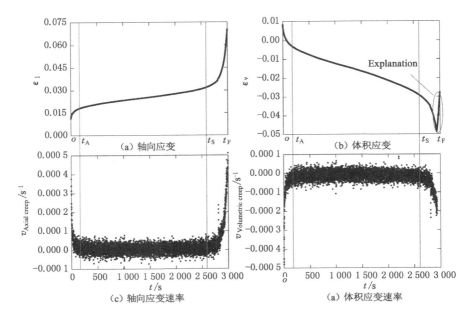

图 6-3　胶结充填体试样轴向应变、体积应变及其速率随时间变化的曲线

轴向应变和体积应变的变化量（变化量为绝对值）虽随时间增大，但变化速率却逐渐减小。在稳定蠕变 t_A-t_S 阶段，试样的轴向应变和体积应变的变化量基本以一恒定的变化速率随时间增大。在加速蠕变 t_S-t_F 阶段，试样的轴向应变和体积应变的变化量随时间急剧增大，变化速率也急剧增大。需要解释的是，在该试样蠕变后期，其环向变形超过 MTS 环向引伸计的测量极值而停止采集数据，如图 6-4 所示，造成该试样体积应变在蠕变后期出现的反常，但这并没有影响试验结果。因此，在试样加速蠕变后期，无法获得更多的环向应变速率和体积应变速率，但不难推断其变化速率仍将持续增大。

6.2.1　围压的影响

为了探讨围压对胶结充填体试样蠕变特征的影响，以胶结材料含量为 30 g 和骨料颗粒级配 Talbot 指数为 0.6 的胶结充填体试样为例，其在不同围压下的轴向应变-时间曲线如图 6-5 所示。

由图 6-5 可知，无论在何种围压下，胶结充填体试样均经历了上述 3 个蠕变阶段。由于围压的强化作用，同种配比的试样承受了不同荷载级数和时间的蠕变变形，蠕变级数和时间与围压呈正相关关系。在相同的荷载级数下，围压更高的试样表现出更低的蠕变变形，图 6-6 给出了不同围压下胶结充填体试样第一

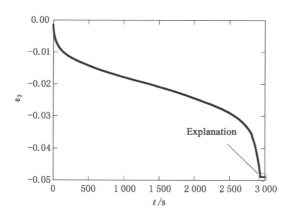

图 6-4 图 6-3 的解释

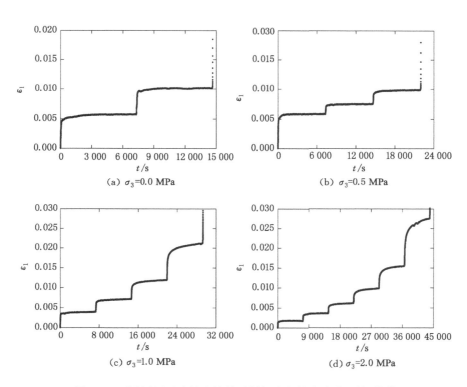

图 6-5 不同围压下胶结充填体试样蠕变的轴向应变-时间曲线

级荷载蠕变的轴向应变-时间曲线。当然在较低的应力条件下,试样不会出现加速蠕变,只表现出衰减蠕变和稳定蠕变,且由于当前的低应力条件,试样在稳定蠕变中的应变速率也是极低的。而在较高的应力条件下,试样在稳定蠕变中的应变速率不仅增大,同时还出现了加速蠕变。

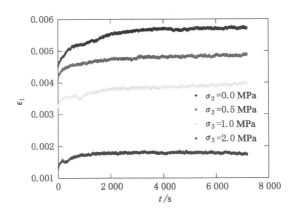

图 6-6　不同围压下胶结充填体试样第一级荷载蠕变的轴向应变-时间曲线

6.2.2　胶结材料含量的影响

为了探讨胶结材料含量对胶结充填体试样蠕变特征的影响,以单轴蠕变压缩条件下骨料颗粒级配 Talbot 指数为 0.6 的胶结充填体试样为例,其在不同胶结材料含量下的轴向应变-时间曲线如图 6-7 所示。

由图 6-7 可知,无论在何种胶结材料含量下,胶结充填体试样均经历了上述 3 个蠕变阶段。由于胶结材料含量的增大,单轴压缩条件下的不同试样承受了不同荷载级数和时间的蠕变变形,蠕变级数和时间与胶结材料含量呈正相关关系。在相同的荷载级数下,胶结材料含量更高的试样表现出更低的蠕变变形,图 6-8 给出了不同胶结材料含量下胶结充填体试样第二级荷载蠕变的轴向应变-时间曲线。

6.2.3　骨料颗粒粒径分布的影响

为了探讨骨料颗粒粒径分布对胶结充填体试样蠕变特征的影响,以单轴蠕变压缩条件下胶结材料含量为 40 g 的胶结充填体试样为例,其在不同骨料颗粒级配 Talbot 指数下的轴向应变-时间曲线图 6-9 所示。

由图 6-9 可知,无论在何种骨料颗粒级配 Talbot 指数下,胶结充填体试样均经历了上述 3 个蠕变阶段。与围压和胶结材料含量对胶结充填体试样蠕变特征的影响不同,蠕变级数和时间与骨料颗粒级配 Talbot 指数无明显关系。

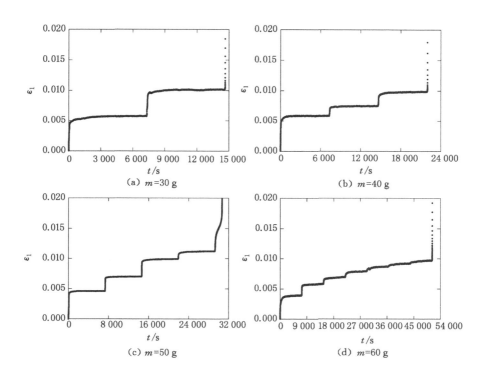

图 6-7　不同胶结材料含量下胶结充填体试样蠕变的轴向应变-时间曲线

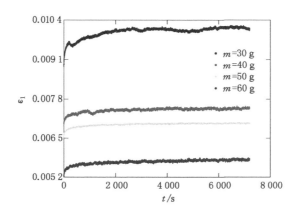

图 6-8　不同胶结材料含量下胶结充填体试样第二级
荷载蠕变的轴向应变-时间曲线

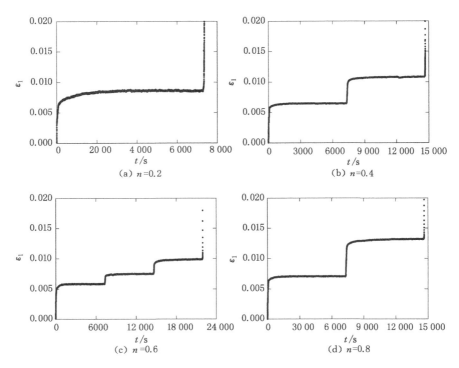

图 6-9 不同骨料颗粒级配 Talbot 指数下胶结充填体试样蠕变的轴向应变-时间曲线

但容易发现,骨料颗粒级配 Talbot 指数为 0.6 的试样表现出更好的抗变形能力,在第三级荷载作用下仍可保持轴向应变 0.01 左右。骨料颗粒级配 Talbot 指数为 0.4 和 0.8 的试样次之,均只能承受第二级荷载作用。其中骨料颗粒级配 Talbot 指数为 0.4 试样的抗变形能力又略优于骨料颗粒级配 Talbot 指数为 0.8 的试样,表现在第二级荷载条件下骨料颗粒级配 Talbot 指数为 0.8 试样的蠕变变形明显大于骨料颗粒级配 Talbot 指数为 0.4 的试样。显然,在相同的胶结材料含量和单轴压缩条件下,骨料颗粒级配 Talbot 指数为 0.2 的试样表现出最差的抗变形能力。由此可见,骨料颗粒粒径分布也严重影响胶结充填体的蠕变特征,认为更优越骨料颗粒粒径分布的胶结充填体在蠕变条件下表现出更强的抗变形能力。图 6-10 给出了不同骨料颗粒粒径分布下胶结充填体试样第一级荷载蠕变的轴向应变-时间曲线,从图中容易看出骨料颗粒级配 Talbot 指数为 0.4 和 0.6 试样的蠕变变形明显低于骨料颗粒级配 Talbot 指数为 0.2 和 0.8 的试样。

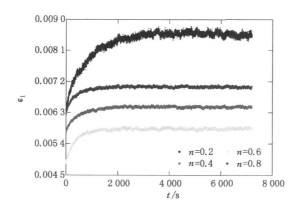

图 6-10 不同骨料颗粒粒径分布下胶结充填体试样第一级
荷载蠕变的轴向应变-时间曲线

6.3 胶结充填体线性黏弹性蠕变模型研究

6.3.1 线性黏弹性蠕变模型的建立

胶结充填体蠕变模型的建立方法主要包括两种。一种是根据试验曲线直接采用数学方法进行拟合得到,所涉及模型方程千差万别,似乎均能很好地与试验数据相关;但在不了解胶结充填体蠕变变形机制的情况下,进行更繁杂或更多的现象拟合也仅是数学描述。于是,人们根据岩土材料的黏、弹、塑性构建与之性质相对应的力学元件,基于试验结果找出与之相对应的组合元件模型,以此方法可以较好地分析岩土材料在不同蠕变条件下所表现出的变形特征,模型参数也具有一定的物理意义。关于各元件的详细介绍及模型组合方法可以参考文献[232,238-239],这里不再赘述。

在胶结充填体试样的蠕变试验结果中,容易发现试样在较低的蠕变荷载条件(加速蠕变前任一蠕变荷载)下具有如下特征:① 施加指定蠕变荷载后,试样产生弹性变形,因此模型应包含弹性元件;② 在恒定荷载条件下,试样变形(轴向应变、环向应变和体积应变)随时间变化,因此模型应包含黏性元件。由此可见,胶结充填体试样在较低的蠕变荷载条件下表现出典型的黏弹性特征。关于描述岩土材料黏弹性特征的蠕变模型有很多种,下面就几种经典的模型做简要介绍。

将一个弹性元件和一个黏性元件串联可以得到 Maxwell 蠕变模型,如

图 6-11 所示。显然,图中模型满足以下关系:

图 6-11 Maxwell 蠕变模型

$$\varepsilon(t) = \sigma\left(\frac{t}{\eta_{M1}} + \frac{1}{E_{M1}}\right) \tag{6-1}$$

式中:ε 为胶结充填体试样的应变量,可采用 ε_1、ε_3 和 ε_v 进行表征;t 为蠕变时间;σ 为试样的蠕变应力,在单轴压缩条件下 $\sigma = \sigma_1$,在常规三轴压缩条件下 $\sigma = \sigma_1 - \sigma_3$;$\eta_{M1}$ 为黏滞系数;E_{M1} 为瞬时弹性模量。将一个弹性元件和一个黏性元件并联可以得到 Kelvin 蠕变模型,如图 6-12 所示。显然,图中模型满足以下关系:

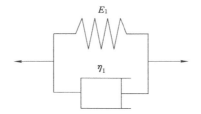

图 6-12 Kelvin 蠕变模型

$$\varepsilon(t) = \frac{\sigma}{E_{K1}}\left(1 - e^{-\frac{E_{K1}}{\eta_{K1}}t}\right) \tag{6-2}$$

式中:η_{K1} 为黏滞系数;E_{K1} 为黏弹性模量。

将一个 Maxwell 体和一个 Kelvin 体串联可以得到 Burgers 体,如图 6-13 所示。显然,图中模型满足以下关系:

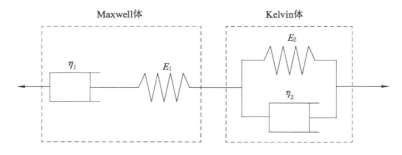

图 6-13 Burgers 蠕变模型

$$\varepsilon(t) = \sigma \left[\frac{t}{\eta_{B1}} + \frac{1}{E_{B1}} + \frac{1}{E_{B2}} (1 - e^{-\frac{E_{B2}}{\eta_{B2}}t}) \right] \qquad (6-3)$$

式中：η_{B1} 和 η_{B2} 均为黏滞系数；E_{B1} 为瞬时弹性模量；E_{B2} 为黏弹性模量。

6.3.2 线性黏弹性蠕变模型的参数辨识

采用 3 种模型对试验数据进行辨识，关于 Maxwell 蠕变模型和 Kelvin 蠕变模型可以直接采用迭代法或软件拟合获得模型参数。而 Burgers 蠕变模型涉及 4 参数回归，采用软件直接拟合或任意给定一组参数值进行迭代得到的模型容易失真，需要先给定一组参数的初始近似值，再进行反复调试，直到满足模型的最高相关系数。在面对大量试验数据时，这种方法工作量巨大，也不利于评估所得模型是否与试验数据具有最高相关系数。为此，参照第 3 章构建的遗传算法，对 Burgers 蠕变模型参数进行优化。模型变量仅两维，即 (ε, t)，其参数仅 4 个，即 E_{B1}、η_{B1}、E_{B2} 和 η_{B2}，远比本研究第 3 章中的遗传算法简单，关于优化蠕变模型遗传算法的构建将在"6.4.2 非线性黏弹塑性蠕变模型的参数辨识"中介绍。

以单轴压缩条件下胶结材料含量为 40 g 的不同骨料颗粒粒径分布的胶结充填体试样为例，图 6-14 给出了其在第一级蠕变荷载下黏弹性蠕变模型与试验结果的对比，蠕变变形采用轴向应变表征。显然，Maxwell 蠕变模型不能描述胶结充填体试样在低应力条件下表现出的黏弹性特征。在试样的衰减蠕变阶段，其线性形式不能体现材料蠕变速率逐渐减小的情况。调整 Maxwell 蠕变模型与试样的衰减蠕变保持最大相关性，则其在稳定蠕变阶段的描述完全失真。调整 Maxwell 蠕变模型与试样的稳定蠕变保持最大相关性，其线性形式虽可以与保持较低蠕变速率的试验数据相匹配，但其在衰减蠕变阶段的描述又完全失真。与 Maxwell 蠕变模型相比，Kelvin 蠕变模型似乎表现出与试验数据更好的相关性，可以体现出试样在衰减蠕变阶段的蠕变速率减小和稳定蠕变阶段的恒蠕变速率。Kelvin 蠕变模型的缺陷在于不能描述衰减蠕变向稳定蠕变的逐渐转折，不能回归蠕变数据的初始点。由此可知，由单一的常参数弹性元件和黏性元件构成的蠕变模型不能描述胶结充填材料的黏弹性特征。相比之下，常参数 Burgers 蠕变模型则可以较好地与试验数据吻合。引入均方误差（MSE）、均方根误差（RMSE）、平均绝对误差（MAE）和平均绝对误差百分比（MAPE）对试验数据和 Burgers 蠕变模型进行评估，表 6-2 给出了 Burgers 蠕变模型对试验数据的回归评估指标。由表可知，不同骨料颗粒粒径分布下胶结充填体试样的 Burgers 蠕变模型的各类误差量级控制在 10^{-6}，最高平均绝对误差百分比控制在 1% 以下，相关系数全部高于 0.95。

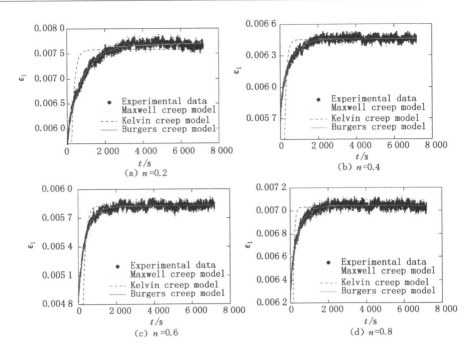

图 6-14　黏弹性蠕变模型与试验结果的对比

表 6-2　Burgers 蠕变模型对试验数据的回归评估指标

骨料颗粒级配 Talbot 指数 n	MSE/10^{-6}	RMSE/10^{-6}	MAE/10^{-6}	MAPE/%	R	R^2
0.2	0.003 6	60.394 0	48.120 0	0.649 3	0.989 6	0.979 4
0.4	0.000 6	23.775 9	18.649 8	0.291 4	0.980 1	0.960 5
0.6	0.000 7	25.968 7	20.757 8	0.359 1	0.984 4	0.969 1
0.8	0.000 6	23.694 2	18.839 7	0.269 4	0.977 5	0.955 6

$$\mathrm{MSE} = \frac{\sum\limits_{i=1}^{N_t} (\varepsilon'_{1t_i} - \varepsilon_{1t_i})^2}{N_t} \tag{6-4}$$

$$\mathrm{RMSE} = \sqrt{\frac{\sum\limits_{i=1}^{N_t} (\varepsilon'_{1t_i} - \varepsilon_{1t_i})^2}{N_t}} \tag{6-5}$$

$$\mathrm{MAE} = \frac{\sum\limits_{i=1}^{N_t} |\varepsilon'_{1t_i} - \varepsilon_{1t_i}|}{N_t} \tag{6-6}$$

$$\mathrm{MAPE} = \frac{1}{N_t} \sum_{i=1}^{N_t} \left| \frac{\varepsilon'_{1t_i} - \varepsilon_{1t_i}}{\varepsilon'_{1t_i}} \right| \times 100\% \qquad (6\text{-}7)$$

关于描述岩土材料黏弹性特征的蠕变模型很多,大多由该 3 类蠕变模型组合、衍变而成。研究发展趋于复杂化、多元件化,所涉及模型参数较多,但过多的模型参数并不利于分析真实状态下岩土材料的相关特性。在上述关于蠕变模型与试验数据的相关性上,容易发现 Burgers 蠕变模型可以较好地与试验数据相匹配。在本研究中建立更复杂、更多元件的黏弹性蠕变模型似乎并无必要。因此,下面采用 Burgers 蠕变模型对不同围压、胶结材料含量和骨料颗粒粒径分布下胶结充填体试样的试验数据进行辨识,以探讨围压、胶结材料含量和骨料颗粒粒径分布对模型参数的影响。

6.3.3　围压对 Burgers 蠕变模型的影响

以胶结材料含量为 30 g 和骨料颗粒级配 Talbot 指数为 0.6 的试样为例,图 6-15 给出了该类试样在不同围压下 Burgers 蠕变模型与试验结果的对比,表 6-3 则给出了该类试样在不同围压下的 Burgers 蠕变模型参数。

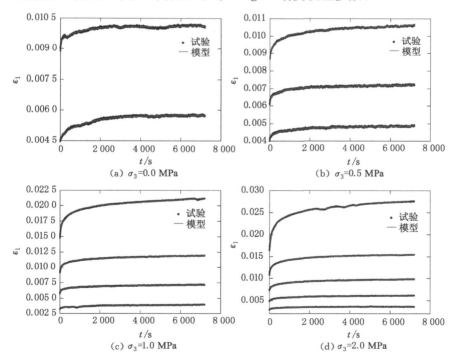

图 6-15　不同围压下胶结充填体试样 Burgers 蠕变模型与试验结果对比

表 6-3 不同围压下胶结充填体试样 Burgers 蠕变模型参数

围压 σ_3 /MPa	轴向应力 σ_1/MPa	剪应力 $\sigma_1-\sigma_3$ /MPa	η_{B1}/(10^6 MPa·s)	E_{B1} /MPa	η_{B2}/(10^5 MPa·s)	E_{B2} /MPa	σ/η_{B1} /(10^{-6} s^{-1})	η_{B2}/E_{B2} /(10^6 s)	R^2
0.0	1.018 6	1.018 6	108.097 8	207.910 9	11.951 6	1 476.117 7	0.009 4	0.008 0	0.979 9
	2.037 2	2.037 2	214.069 0	217.703 7	23.732 3	2 913.179 1	0.009 5	0.008 1	0.926 1
0.5	1.018 6	0.518 6	25.585 3	120.922 9	8.920 0	1 191.328 0	0.020 3	0.007 5	0.950 8
	2.037 2	1.537 2	57.609 5	238.934 5	13.741 8	2 553.919 8	0.026 7	0.005 4	0.969 8
	3.055 8	2.555 8	39.773 4	280.683 6	13.486 2	2 378.116 7	0.064 3	0.005 7	0.983 5
1.0	1.018 6	0.018 6	0.799 9	5.487 0	0.534 4	47.887 4	0.023 3	0.011 1 6	0.938 4
	2.037 2	1.037 2	18.621 9	167.717 0	6.762 9	1 670.619 4	0.055 7	0.004 0	0.977 8
	3.055 8	2.055 8	21.247 2	208.286 9	7.111 3	1 468.743 1	0.096 8	0.004 8	0.983 8
	4.074 4	3.074 4	13.553 3	187.883 3	4.699 3	941.644 0	0.226 2	0.005 0	0.987 6
2.0	1.018 6	−0.981 4	—	—	—	—	—	—	—
	2.037 2	0.037 2	1.621 6	12.185 6	0.436 2	87.588 8	0.022 0	0.005 0	0.948 5
	3.055 8	1.055 8	22.279 1	205.273 2	9.076 7	1 528.186 3	0.047 4	0.005 0	0.980 5
	4.074 4	2.074 4	23.568 6	263.865 5	8.785 5	1 513.877 5	0.088 0	0.005 0	0.990 2
	5.093 0	3.093 0	24.853 4	255.436 2	7.335 9	1 230.502 2	0.124 2	0.006 0	0.985 8
	6.111 5	4.111 5	11.621 3	209.022 6	4.672 6	756.086 8	0.353 8	0.006 2	0.988 9

由图 6-15 和表 6-3 可知,同等围压条件下,应力水平对模型参数的影响似无规律可循;但若仅以第一级荷载条件下的模型参数作为基数,容易发现之后任一级荷载条件下的模型参数均大于该基数。就其模型参数意义而言,参数 E_{B1} 表征材料的瞬时抗变形能力;参数 η_{B1} 表征材料的极限稳定蠕变速率,即 σ/η_{B1};参数 η_{B1} 和 η_{B2} 共同表征材料的初始蠕变速率,即 $\sigma/\eta_{B1}+\sigma/\eta_{B2}$;参数 E_{B2} 和 η_{B2} 共同表征材料趋于稳定蠕变的快慢程度,η_{B2}/E_{B2} 越大达到稳定蠕变越慢(对 Burgers 蠕变模型求导探讨其导函数极限条件可知,这里不再赘述)。显然,容易得出结论,材料的瞬时变形在第一级荷载下最大,材料的稳定蠕变速率和达到稳定蠕变的时间基本与应力水平呈正相关关系。由于不同围压下的胶结充填体试样具有不同的蠕变级数,下面在同等轴向应力水平 2.037 2 MPa 下探讨围压对模型参数的影响。在同等轴向应力条件下,围压的增大造成剪应力的减小,因而模型参数 E_{B1}、E_{B2}、η_{B1} 和 η_{B2} 均随着围压的增大而减小。关于围压对稳定蠕变速率和达到稳定蠕变的时间的影响在本研究中并未发现明显规律。

6.3.4 胶结材料含量对 Burgers 蠕变模型的影响

以单轴压缩条件下骨料颗粒级配 Talbot 指数为 0.6 的试样为例,图 6-16 给出了该类试样在不同胶结材料含量下的 Burgers 蠕变模型与试验结果的对比,表 6-4 则给出了该类试样在不同胶结材料含量下的 Burgers 蠕变模型参数。

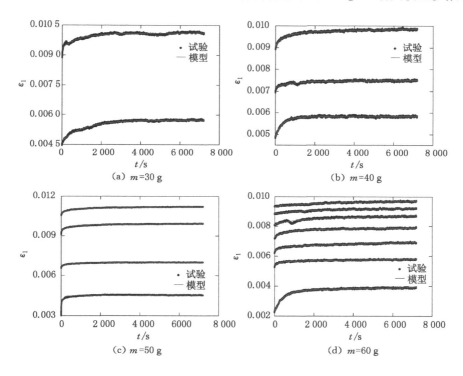

图 6-16 不同胶结材料含量下胶结充填体试样 Burgers 蠕变模型与试验结果对比

由图 6-16 和表 6-4 可知,同等胶结材料含量下,应力水平与参数 E_{B1} 表现出很好的正相关性,表明材料的瞬时变形随着荷载的逐级增大而逐渐减小。这与上述同等围压下应力水平对参数 E_{B1} 的影响存在一定出入,但容易发现在低围压(单轴压缩和 0.5 MPa 围压)条件下,应力水平与参数 E_{B1} 也呈正相关关系,更多的不同只是体现在更高的围压条件下。由此可知,蠕变条件(外载)的差异也严重影响材料的 Burgers 蠕变模型参数。更多的有关应力水平与模型参数的关系并没有被发现,但上述结论(材料的稳定蠕变速率和达到稳定蠕变的时间基本与应力水平呈正相关关系)在不同胶结材料含量下仍成立。由于不同胶结材料含量下的胶结充填体试样具有不同的蠕变级数,下面在同等轴向应力水平

2.037 2 MPa 下探讨胶结材料含量对模型参数的影响。显然仅有参数 E_{B1} 随着胶结材料含量的增大而增大,表明胶结材料含量的增大强化了材料的瞬时抗变形能力,这与本书第 3 章的研究结果一致。而关于胶结材料含量对参数 E_{B2}、η_{B1} 和 η_{B2} 的影响在本研究中并未发现明显规律,但容易发现材料的稳定蠕变速率和达到稳定蠕变的时间与胶结材料含量呈负相关关系。

表 6-4   不同胶结材料含量下胶结充填体试样 Burgers 蠕变模型参数

胶结材料含量 m/g	轴向应力 σ_1/MPa	η_{B1}/(10^6 MPa·s)	E_{B1}/MPa	η_{B2}/(10^5 MPa·s)	E_{B2}/MPa	σ/η_{B1}/(10^{-6}s^{-1})	η_{B2}/E_{B2}/(10^6 s)	R^2
30	1.018 6	108.097 8	207.910 9	11.951 6	1 476.117 7	0.009 4	0.008 0	0.979 9
	2.037 2	214.069 0	217.703 7	23.732 3	2 913.179 1	0.009 5	0.008 1	0.926 1
40	1.018 6	290.697 1	208.465 6	4.111 1	1 098.110 1	0.003 5	0.003 7	0.969 1
	2.037 2	316.337 3	284.677 1	51.851 9	7 563.649 5	0.006 4	0.006 9	0.849 0
	3.055 8	171.848 6	335.951 1	54.078 9	6 414.426 7	0.017 8	0.008 4	0.966 8
50	1.018 6	118.596 0	306.614 1	0.544 8	862.943 2	0.008 5	0.000 6	0.900 1
	2.037 2	233.773 0	314.142 5	41.078 0	8 749.858 1	0.008 7	0.004 7	0.951 5
	3.055 8	158.072 0	324.973 1	40.790 3	8 009.759 7	0.019 3	0.005 1	0.972 4
	4.074 4	208.345 0	380.885 4	57.868 4	11 035.876 5	0.019 6	0.005 2	0.979 4
60	1.018 6	350.368 2	342.209 7	3.104 7	918.578 0	0.002 9	0.003 3	0.991 5
	2.037 2	502.586 1	377.906 7	27.340 2	7 857.004 9	0.004 1	0.003 4	0.897 9
	3.055 8	560.772 2	481.059 7	32.961 9	9 555.530 2	0.005 4	0.003 5	0.953 0
	4.074 4	692.108 3	560.829 8	66.806 8	8 111.466 9	0.005 9	0.008 2	0.955 7
	5.093 0	812.146 0	627.606 8	172.372 0	10 095.185 3	0.006 3	0.017 1	0.894 5
	6.111 5	849.748 1	691.563 7	376.133 0	19 950.870 4	0.007 2	0.018 9	0.922 3
	7.130 1	946.472 8	763.151 6	646.646 0	21 555.521 6	0.007 5	0.029 9	0.939 5

6.3.5   骨料颗粒粒径分布对 Burgers 蠕变模型的影响

以单轴压缩条件下胶结材料含量为 40 g 的试样为例,图 6-17 给出了该类试样在不同骨料颗粒粒径分布下的 Burgers 蠕变模型与试验结果的对比,表 6-5 则给出了该类试样在不同骨料颗粒粒径分布下的 Burgers 蠕变模型参数。

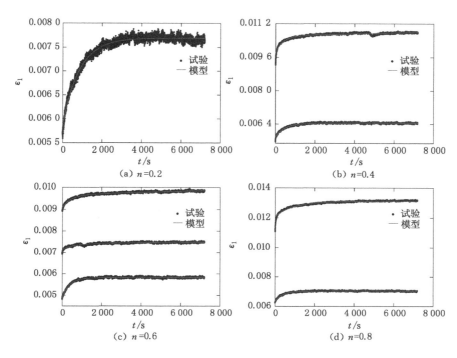

图 6-17　不同骨料颗粒粒径分布下胶结充填体试样 Burgers 蠕变模型与试验结果对比

表 6-5　不同骨料颗粒粒径分布下胶结充填体试样 Burgers 蠕变模型参数

骨料颗粒级配 Talbot 指数 n	轴向应力 σ_1/MPa	η_{B1}/(10^6 MPa·s)	E_{B1}/MPa	η_{B2}/(10^5 MPa·s)	E_{B2}/MPa	σ/η_{B1}/(10^{-6} s^{-1})	η_{B2}/E_{B2}/(10^6 s)	R^2
0.2	1.018 6	8 233.110 0	173.781 7	4.709 5	555.535 2	0.000 1	0.008 5	0.979 4
0.4	1.018 6	6 661.310 0	175.640 8	7.872 2	1 539.597 5	0.000 2	0.005 1	0.960 5
	2.037 2	82.359 6	207.446 6	9.427 0	2 507.670 0	0.024 7	0.003 8	0.932 1
0.6	1.018 6	290.697 1	208.465 6	4.111 1	1 098.110 1	0.003 5	0.003 7	0.969 1
	2.037 2	316.337 3	284.677 1	51.851 9	7 563.649 5	0.006 4	0.006 9	0.849 0
	3.055 8	171.848 6	335.951 1	54.078 9	6 414.426 7	0.017 8	0.008 4	0.966 8
0.8	1.018 6	5 370.200 0	160.352 7	5.908 2	1 475.916 5	0.000 2	0.004 0	0.955 6
	2.037 2	462.613 0	168.685 4	17.855 3	1 934.099 4	0.004 4	0.009 2	0.945 8

　　由图 6-17 和表 6-5 可知,同等骨料颗粒粒径分布下,应力水平与参数 E_{B1} 呈正相关关系,表明材料的瞬时变形随着荷载的逐级增大而逐渐减小,这与上述同

等胶结材料含量下应力水平对参数 E_{B1} 的影响一致。由于骨料颗粒级配 Talbot 指数为 0.2 的胶结充填体试样只能承受第一级荷载蠕变，下面在同等轴向应力水平 1.018 6 MPa 下探讨骨料颗粒级配 Talbot 指数对模型参数的影响。显然，仅有参数 E_{B1} 随骨料颗粒级配 Talbot 指数先增大后减小，其中骨料颗粒级配 Talbot 指数为 0.6 的试样表现出最大的瞬时抗变形能力，这与本书第 3 章的研究结果一致。而关于骨料颗粒级配 Talbot 指数对参数 E_{B2}、η_{B1} 和 η_{B2} 的影响在本研究中并未发现明显规律，对于稳定蠕变速率和达到稳定蠕变的时间与骨料颗粒级配 Talbot 指数的关系也无法给出绝对的结论。

6.4 胶结充填体非线性黏弹塑性蠕变模型研究

6.4.1 非线性黏弹塑性蠕变模型的建立

在图 6-3 给出的胶结充填体试样的蠕变试验结果中，容易发现应变随时间的增长不再收敛于一稳定值或应变速率不再保持恒定，其应变速率持续增大，蠕变变形急剧增大。因此，胶结充填材料的蠕变模型应包含塑性元件。上述 Burgers 蠕变模型较好地描述了胶结充填材料的黏弹性特征，但其无法描述材料的塑性特征。因此在 Burgers 蠕变模型的基础上串联一个黏塑性体，构成六元件黏弹塑性蠕变模型，如图 6-18 所示。显然，图中模型满足以下关系：

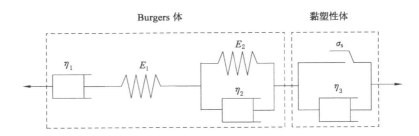

图 6-18　六元件黏弹塑性蠕变模型

$$\varepsilon(t) = \sigma\left[\frac{t}{\eta_{SIX1}} + \frac{1}{E_{SIX1}} + \frac{1}{E_{SIX2}}(1 - e^{-\frac{E_{SIX2}}{\eta_{SIX2}}t})\right], \sigma < \sigma_s \quad (6\text{-}8)$$

$$\varepsilon(t) = \sigma\left[\frac{t}{\eta_{SIX1}} + \frac{1}{E_{SIX1}} + \frac{1}{E_{SIX2}}(1 - e^{-\frac{E_{SIX2}}{\eta_{SIX2}}t})\right] + \frac{\sigma - \sigma_s}{\eta_{SIX3}}t, \sigma \geqslant \sigma_s \quad (6\text{-}9)$$

式中：η_{SIX1}、η_{SIX2} 和 η_{SIX3} 均为黏滞系数；E_{SIX1} 为瞬时弹性模量；E_{SIX2} 为黏弹性模量；σ_s 为屈服强度。

在图 6-3 中，容易发现胶结充填体试样在应力条件 $\sigma_1 - \sigma_3 = 3.574\ 3$ MPa 下

并不会瞬时达到加速蠕变,而是在变形持续增大的情况下逐渐转变为加速蠕变。试样蠕变变形的实质是内部裂纹演化和承载结构损伤的逐渐积累,只有在该损伤积累量达到一定程度时,结构不足以承受当前条件下的外部荷载才会进入加速蠕变。即使对于同种材料构成的多孔介质,由于缺陷(微孔、微裂纹和弱胶结面等)分布和裂纹演化的差异,其进入加速蠕变的时刻也千差万别。但对于结构而言,总存在某一特定变形,该变形前,结构恒稳定,该变形后,结构加速破坏。因此,在这里引入应变参量作为判断胶结充填体试样是否进入加速蠕变的判据,参考文献[252-253,265]构建非线性黏壶的方法,在上述六元件黏弹塑性蠕变模型的基础上串联一个带应变触发的非线性黏壶,如图 6-19 所示。

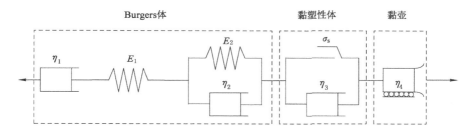

图 6-19　七元件黏弹塑性蠕变模型

当结构整体的应变小于 t_S 时刻的应变 ε_{t_S} 时,该非线性黏壶不发挥作用;当结构整体的应变大于 ε_{t_S} 时,该非线性黏壶产生作用,须知该非线性黏壶的触发必须在 $\sigma \geqslant \sigma_s$ 条件下。

当 $\sigma < \sigma_s$ 时,该模型退化为 Burgers 蠕变模型;当 $\sigma \geqslant \sigma_s$ 且 $\varepsilon < \varepsilon_{t_S}$ 时,该模型退化为六元件黏弹塑性蠕变模型;当 $\sigma \geqslant \sigma_s$ 且 $\varepsilon \geqslant \varepsilon_{t_S}$ 时,该模型即为七元件黏弹塑性蠕变模型,此时该模型的状态方程为:

$$
\begin{cases}
\sigma_{SEV\eta1} = \eta_{SEV1} \dot{\varepsilon}_{SEV\eta1} \\
\sigma_{SEVE1} = E_{SEV1} \varepsilon_{SEVE1} \\
\sigma_{SEV2} = E_{SEV2} \varepsilon_{SEV2} + \eta_{SEV2} \dot{\varepsilon}_{SEV2} \\
\sigma_{SEV3} = \sigma_s + \eta_{SEV3} \dot{\varepsilon}_{SEV3} \\
\sigma_{SEV4} = \eta_{SEV4} \dot{\varepsilon}_{SEV4} (n_c t^{n_c-1}) \\
\sigma = \sigma_{SEV\eta1} = \sigma_{SEVE1} = \sigma_{SEV2} = \sigma_{SEV3} = \sigma_{SEV4} \\
\varepsilon = \varepsilon_{SEV\eta1} + \varepsilon_{SEVE1} + \varepsilon_{SEV2} + \varepsilon_{SEV3} + \varepsilon_{SEV4}
\end{cases}
\tag{6-10}
$$

式中:$\sigma_{SEV\eta1}$、σ_{SEVE1}、σ_{SEV2}、σ_{SEV3} 和 σ_{SEV4} 分别为模型各部分的应力;$\varepsilon_{SEV\eta1}$、ε_{SEVE1}、ε_{SEV2}、ε_{SEV3} 和 ε_{SEV4} 分别为模型各部分的应变;E_{SEV1}、E_{SEV2}、η_{SEV1}、η_{SEV2}、η_{SEV3} 和 η_{SEV4}

分别为模型的弹性、黏性和塑性参数；n_c 为蠕变指数。

对式(6-10)进行拉普拉斯变换，容易得到：

$$
\begin{cases}
\tilde{\varepsilon}_{\text{SEV}\eta1}(s) = \dfrac{\sigma_{\text{SEV}\eta1}}{\eta_{\text{SEV1}}\,s^2} = \dfrac{\sigma}{\eta_{\text{SEV1}}\,s^2} \\[2mm]
\tilde{\varepsilon}_{\text{SEVE1}}(s) = \dfrac{\sigma_{\text{SEVE1}}}{E_{\text{SEV1}}\,s} = \dfrac{\sigma}{E_{\text{SEV1}}\,s} \\[2mm]
\tilde{\varepsilon}_{\text{SEV2}}(s) = \dfrac{\sigma_{\text{SEV2}}}{(E_{\text{SEV2}} + \eta_{\text{SEV2}}\,s)\,s} = \dfrac{\sigma}{(E_{\text{SEV2}} + \eta_{\text{SEV2}}\,s)\,s} \\[2mm]
\tilde{\varepsilon}_{\text{SEV3}}(s) = \dfrac{\sigma_{\text{SEV3}} - \sigma_s}{\eta_{\text{SEV3}}\,s^2} = \dfrac{\sigma - \sigma_s}{\eta_{\text{SEV3}}\,s^2} \\[2mm]
\tilde{\varepsilon}_{\text{SEV4}}(s) = \dfrac{n_c!\,\sigma_{\text{SEV4}}}{\eta_{\text{SEV4}}\,s^{n_c+1}} = \dfrac{n_c!\,\sigma}{\eta_{\text{SEV4}}\,s^{n_c+1}} \\[2mm]
\tilde{\varepsilon}(s) = \tilde{\varepsilon}_{\text{SEV}\eta1}(s) + \tilde{\varepsilon}_{\text{SEVE1}}(s) + \tilde{\varepsilon}_{\text{SEV2}}(s) + \tilde{\varepsilon}_{\text{SEV3}}(s) + \tilde{\varepsilon}_{\text{SEV4}}(s)
\end{cases}
\tag{6-11}
$$

式中：$\tilde{\varepsilon}$ 为 ε 的拉普拉斯变换；s 为拉普拉斯变换空间的复变量。

将式(6-11)进行整理可以得到：

$$
\tilde{\varepsilon}(s) = \frac{\sigma}{\eta_{\text{SEV1}}\,s^2} + \frac{\sigma}{E_{\text{SEV1}}\,s} + \frac{\sigma}{(E_{\text{SEV2}} + \eta_{\text{SEV2}}\,s)\,s} + \frac{\sigma - \sigma_s}{\eta_{\text{SEV3}}\,s^2} + \frac{n_c!\,\sigma}{\eta_{\text{SEV4}}\,s^{n_c+1}}
\tag{6-12}
$$

对式(6-12)进行拉普拉斯逆变换，可以得到七元件黏弹塑性蠕变模型在 $\sigma \geqslant \sigma_s$ 且 $\varepsilon \geqslant \varepsilon_{t_S}$ 条件下的蠕变方程：

$$
\varepsilon(t) = \frac{\sigma}{\eta_{\text{SEV1}}}t + \frac{\sigma}{E_{\text{SEV1}}} + \frac{\sigma}{E_{\text{SEV2}}}\left[1 - \exp\left(-\frac{E_{\text{SEV2}}}{\eta_{\text{SEV2}}}t\right)\right] + \frac{\sigma - \sigma_s}{\eta_{\text{SEV3}}}t + \frac{\sigma}{\eta_{\text{SEV4}}}(t - t_S)^{n_c}
$$

$$
\tag{6-13}
$$

6.4.2 非线性黏弹塑性蠕变模型的参数辨识

须知，当 $\sigma < \sigma_s$ 时，该模型为 Burgers 蠕变模型；当 $\sigma \geqslant \sigma_s$ 且 $\varepsilon < \varepsilon_{t_S}$ 时，该模型为六元件黏弹塑性蠕变模型；当 $\sigma \geqslant \sigma_s$ 且 $\varepsilon \geqslant \varepsilon_{t_S}$ 时，该模型即为七元件黏弹塑性蠕变模型。采用上述 3 种蠕变模型描述不同试验条件下的试验结果，无法对其进行直接迭代获得模型参数，又需要构建遗传算法对二维空间 (ε, t) 下的蠕变模型参数进行优化。

在设计遗传算法前，需要先确定蠕变模型的条件参数。在六元件黏弹塑性蠕变模型中，将条件参数屈服强度取为扩容起始应力，即 $\sigma_s = \sigma_{1cd}$。而对于求取七元件黏弹塑性蠕变模型条件参数的关键在于确定时刻 t_S，以确定稳定蠕变向加速蠕变转折时刻的应变 ε_{t_S}。基于应变(轴向应变、环向应变和体积应变)对时间求导，可得胶结充填体的蠕变速率，通过蠕变速率的时间序列即可确定该转折时刻 t_S。

接下来确定蠕变模型中需要采用遗传算法优化的参数个数,Burgers 蠕变模型为四参数蠕变模型,见式(6-3);六元件黏弹塑性蠕变模型为五参数蠕变模型,见式(6-9);七元件黏弹塑性蠕变模型为七参数蠕变模型,见式(6-13)。因此,构建优化七参数蠕变模型的遗传算法即可适用于本研究所有蠕变模型的参数辨识。以轴向应变为例,将式(6-13)改写为:

$$\varepsilon_{1t_i} = \sigma\left[\frac{t_i}{\eta_1} + \frac{1}{E_1} + \frac{1}{E_2}\left(1 - e^{-\frac{E_2}{\eta_2}t_i}\right)\right] + \frac{\sigma - \sigma_s}{\eta_3}t_i + \frac{\sigma}{\eta_{SEV4}}(t_i - t_S)^{n_c} \quad (6\text{-}14)$$

式中,η_1、η_2、η_3、η_4、E_1、E_2 和 n_c 是决策参量。

显然,式(6-14)为 $\sigma \geqslant \sigma_s$ 且 $\varepsilon \geqslant \varepsilon_{t_S}$ 下胶结充填体的七元件黏弹塑性蠕变模型;当 $\sigma \geqslant \sigma_s$ 且 $\varepsilon < \varepsilon_{t_S}$ 时,可令 $\frac{\sigma}{\eta_{SEV4}}(t_i - t_S)^{n_c} = 0$,该算法即退化为优化六元件黏弹塑性蠕变模型的遗传算法;当 $\sigma < \sigma_s$ 时,可令 $\frac{\sigma - \sigma_s}{\eta_3}t_i + \frac{\sigma}{\eta_{SEV4}}(t_i - t_S)^{n_c} = 0$,该算法即退化为优化 Burgers 蠕变模型的遗传算法。下面介绍该遗传算法的构建过程。

(1)构造轴向应变的时间序列

在蠕变试验中,以 MTS815 系统采样周期 $\tau = 0.5$ s 设置时间序列 $t_i = i\tau$ ($i = 0, 1, 2, \cdots, N_s$),则其轴向应变 ε_{1t_i} 的时间序列可表示为:

$$\varepsilon_{1t_i}, i = 0, 1, 2, \cdots, N_s \quad (6\text{-}15)$$

(2)编码与编码方法

第一步,确定决策参量的编码个数和搜索区间。

7 个决策参量 η_1、η_2、η_3、η_4、E_1、E_2 和 n_c 的搜索区间为:

$$\eta_1 \in [\eta_{1min}, \eta_{1max}] \quad (6\text{-}16)$$

$$\eta_2 \in [\eta_{2min}, \eta_{2max}] \quad (6\text{-}17)$$

$$\eta_3 \in [\eta_{3min}, \eta_{3max}] \quad (6\text{-}18)$$

$$\eta_4 \in [\eta_{4min}, \eta_{4max}] \quad (6\text{-}19)$$

$$E_1 \in [E_{1min}, E_{1max}] \quad (6\text{-}20)$$

$$E_2 \in [E_{2min}, E_{2max}] \quad (6\text{-}21)$$

$$n_c \in [n_{cmin}, n_{cmax}] \quad (6\text{-}22)$$

第二步,将 7 个决策参量 η_1、η_2、η_3、η_4、E_1、E_2 和 n_c 转换为长度均为 6 且由字符 0 和 1 组成的位串:$I_{11}I_{12}\cdots I_{16}$、$I_{21}I_{22}\cdots I_{26}$、$I_{31}I_{32}\cdots I_{36}$、$I_{41}I_{42}\cdots I_{46}$、$I_{51}I_{52}\cdots I_{56}$、$I_{61}I_{62}\cdots I_{66}$ 和 $I_{71}I_{72}\cdots I_{76}$,这样便完成了决策参量的二进制位串编码。

第三步,由长度为 6+6+6+6+6+6+6=42 的二进制位串 $I_1I_2\cdots I_{42}$ 构成遗传算法的个体基因型,相应的表现型为:

$$\eta_1 = \eta_{1\min}\left[\exp\frac{\ln\dfrac{\eta_{1\max}}{\eta_{1\min}}}{2^6-1}\right]^j, j = \sum_{i=1}^{6} 2^i I_{1i} \tag{6-23}$$

$$\eta_2 = \eta_{2\min}\left[\exp\frac{\ln\dfrac{\eta_{2\max}}{\eta_{2\min}}}{2^6-1}\right]^j, j = \sum_{i=1}^{6} 2^i I_{2i} \tag{6-24}$$

$$\eta_3 = \eta_{3\min}\left[\exp\frac{\ln\dfrac{\eta_{3\max}}{\eta_{3\min}}}{2^6-1}\right]^j, j = \sum_{i=1}^{6} 2^i I_{3i} \tag{6-25}$$

$$\eta_4 = \eta_{4\min}\left[\exp\frac{\ln\dfrac{\eta_{4\max}}{\eta_{4\min}}}{2^6-1}\right]^j, j = \sum_{i=1}^{6} 2^i I_{4i} \tag{6-26}$$

$$E_1 = E_{1\min}\left[\exp\frac{\ln\dfrac{E_{1\max}}{E_{1\min}}}{2^6-1}\right]^j, j = \sum_{i=1}^{6} 2^i I_{5i} \tag{6-27}$$

$$E_2 = E_{2\min}\left[\exp\frac{\ln\dfrac{E_{2\max}}{E_{2\min}}}{2^6-1}\right]^j, j = \sum_{i=1}^{6} 2^i I_{6i} \tag{6-28}$$

$$n_c = n_{c\min}\left[\exp\frac{\ln\dfrac{n_{c\max}}{n_{c\min}}}{2^6-1}\right]^j, j = \sum_{i=1}^{6} 2^i I_{7i} \tag{6-29}$$

（3）初始种群的产生

第一步，确定初始种群规模 k_{group}。

第二步，生成随机种子数 χ。

第三步，产生 k_{group} 个长度为 $6+6+6+6+6+6+6=42$ 的二进制位串 $I_1 I_2 \cdots I_{42}$，得到初始种群：

$$\text{Initial Population} = \{I_1^i I_2^i \cdots I_{42}^i \mid i = 1, 2, \cdots, k_{group}\}$$

（4）抗压强度数值解的计算

第一步，对初始种群中每一个体 $\text{chromosome}(i) = I_1^i I_2^i \cdots I_{42}^i (i = 1, 2, \cdots, k_{group})$ 进行解码，得到个体基因的表现型，即根据式（6-23）～式（6-29）求出决策参量 η_1^i、η_2^i、η_3^i、η_4^i、E_1^i、E_2^i 和 $n_c^i (i = 1, 2, \cdots, k_{group})$ 的值。

第二步，对每一个体，根据时间序列，利用式（6-14）求出其轴向应变计算值的时间序列 $\varepsilon'_{1t_i} (i = 0, 1, 2, \cdots, N_s)$。

（5）适应度计算

第一步，计算轴向应变数值解 $\varepsilon'_{1t_i}(i=0,1,2,\cdots,N_s)$ 与试验数据 $\varepsilon_{1t_i}(i=0,1,2,\cdots,N_s)$ 之间的差 E_{rr}：

$$E_{rr} = \frac{1}{N_s} \sum_{i=1}^{N_s} \left(1 - \frac{\varepsilon'_{1t_i}}{\varepsilon_{1t_i}}\right)^2 \tag{6-30}$$

第二步，构造适应度函数并计算种群中每一个体的适应度：

$$\text{fit}(i) = \frac{1}{E_{rr}}, i = 1,2,\cdots,k_{\text{group}} \tag{6-31}$$

（6）选择操作

利用随机遍历法从初始种群中选择出具有交配权的 k_{mating} 个个体，构成交配种群：

$$\text{Mating Population} = \{ I_1^i I_2^i \cdots I_{42}^i \mid i = 1,2,\cdots,k_{\text{mating}} \} \tag{6-32}$$

（7）交叉操作

对交配种群中所有个体进行随机配对，即对每一基因位串随机产生交叉位，并按某一交叉概率 p_{cross} 对每一对交叉个体（夫妇）进行交叉操作，得到新交配种群：

$$\text{New Mating Population} = \{ I_1^i I_2^i \cdots I_{42}^i \mid i = 1,2,\cdots,k_{\text{mating}} \} \tag{6-33}$$

（8）变异操作

对新交配种群中每一基因位串随机产生变异位，并按变异概率 p_{mutation} 对每一个体进行变异运算，得到变异种群：

$$\text{Mutation Population} = \{ I_1^i I_2^i \cdots I_{42}^i \mid i = 1,2,\cdots,k_{\text{mating}} \} \tag{6-34}$$

（9）设定停止繁殖条件

计算最新种群中每一个体的适应度 $\text{fit}(i) = \frac{1}{E_{rr}}(i=1,2,\cdots,k_{\text{mating}})$，如果适应度的最大值大于等于预先设定的数值 S，即：

$$\text{fit}(i)_{\max} \geqslant S, i = 1,2,\cdots,k_{\text{mating}} \tag{6-35}$$

或繁殖代数等于某一事先设定的数值 N_g，则停止繁殖；如果 $\text{fit}(i)_{\max} \leqslant S$，则继续进行选择、交叉、变异运算，直到式（6-35）得以满足。对最优个体（适应度最大的个体）进行解码，即根据式（6-23）～式（6-29）将基因型转化为表现型，得到决策参量的最优值 η_1^{best}、η_2^{best}、η_3^{best}、η_4^{best}、E_1^{best}、E_2^{best} 和 n_c^{best}。将最优决策参量代入式（6-14），即可得到轴向应变最优数值解的时间序列。

下面以 0.5 MPa 围压下胶结材料含量为 30 g 和骨料颗粒级配 Talbot 指数为 0.6 的胶结充填体试样为例，探讨非线性黏弹塑性蠕变模型与该试样蠕变试验结果的匹配程度。显然，该试验结果下胶结充填体的非线性黏弹塑性蠕变模型包含六元件黏弹塑性蠕变模型和七元件黏弹塑性蠕变模型,按照上述方法可以得到该试样的转折时刻 $t_S = 2\ 199.77\ s$。图 6-20 给出了非线性黏弹塑性蠕变模型与试验结果的对比,表 6-6 则给出了非线性黏弹塑性蠕变模型参数及其对试验数据的回归评估指标。

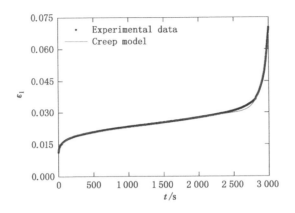

图 6-20　非线性黏弹塑性蠕变模型与试验结果的对比

表 6-6　非线性黏弹塑性蠕变模型参数及其对试验数据的回归评估指标

参数	数值	参数	数值	参数	数值
$\sigma_1 - \sigma_3 / \text{MPa}$	3.574 3	σ_s / MPa	3.435 7	RMSE/10^{-6}	519.014 8
$\eta_{\text{SEV1}} / (10^6\ \text{MPa} \cdot \text{s})$	0.791 6	$\eta_{\text{SEV3}} / (10^6\ \text{MPa} \cdot \text{s})$	3.290 7	MAE/10^{-6}	316.512 6
$E_{\text{SEV1}} / \text{MPa}$	300.932 1	$\eta_{\text{SEV4}} / (10^{23}\ \text{MPa} \cdot \text{s})$	2.575 6	MAPE/%	1.123 8
$\eta_{\text{SEV2}} / (10^5\ \text{MPa} \cdot \text{s})$	0.476 3	n_c	7.371 4	R	0.997 8
$E_{\text{SEV2}} / \text{MPa}$	532.810 6	MSE/10^{-6}	0.269 4	R^2	0.995 5

由图 6-20 和表 6-6 可知,非线性黏弹塑性蠕变模型与试验结果的平均绝对误差百分比仅有 1.123 8%,相关系数高达 0.997 8,模型曲线与试验数据可以较好地匹配。据此可知,本研究所建立的非线性黏弹塑性蠕变模型可用于描述胶结充填体的黏弹塑性特征,所构建的遗传算法可以对该模型中的参数进行优化。

在确定所建立非线性黏弹塑性蠕变模型与试验结果的相关性后,图 6-21 进一步给出了带应变触发的非线性黏壶对该模型的影响。

由图 6-21 可知,参数 η_{SEV4} 和 n_c 共同表征模型的加速蠕变特征,η_{SEV4} 越小,n_c 越大,模型蠕变速率的加速度越大,表明材料的加速蠕变破坏越快。参数 t_S 表征模型由稳定蠕变向加速蠕变转变的转折时刻,t_S 越大,模型进入加速蠕变的时

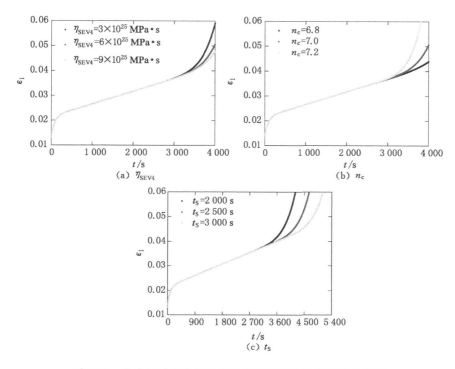

图 6-21　非线性黏壶参数对非线性黏弹塑性蠕变模型的影响

刻越大,表明材料在当前应力条件大于屈服强度下的抗变形能力越持久。据此可知,该非线性黏壶参数对于非线性黏弹塑性蠕变模型具有明确的物理意义,所建立的非线性黏弹塑性蠕变模型可以用于描述胶结充填体的蠕变特征。

6.4.3　非线性黏弹塑性蠕变模型的三维形式

在确定所建立非线性黏弹塑性蠕变模型的有效性和合理性后,需要进一步构建其三维蠕变方程,这是考虑到胶结充填体通常处于三向受压条件下(也是为了将其推广到三维数值计算程序中)。在三维应力条件下,该模型的应变为:

$$\varepsilon = \varepsilon_{ij}^{\text{SEV}\eta1} + \varepsilon_{ij}^{\text{SEVE1}} + \varepsilon_{ij}^{\text{SEV2}} + \varepsilon_{ij}^{\text{SEV3}} + \varepsilon_{ij}^{\text{SEV4}} \tag{6-36}$$

也即依次求得黏性体、弹性体、黏弹性体、黏塑性体和非线性黏壶在三维应力条件下的本构关系,就可以得到七元件黏弹塑性三维蠕变模型。

假设胶结充填体各向同性,由三维应力条件下的广义 Hook 定律可以得到胶结充填体的本构方程:

$$\begin{cases} \sigma_{\mathrm{m}} = 3K\varepsilon_{\mathrm{m}} \\ S_{ij} = 2Ge_{ij} \end{cases} \tag{6-37}$$

式中：σ_m 为球应力；K 为体积模量；ε_m 为球应变；S_{ij} 为应力偏量；G 为剪切模量；e_{ij} 为应变偏量。

在三维应力条件下，应力张量 σ_{ij} 和应变张量 ε_{ij} 可表示为：

$$\begin{cases} \sigma_{ij} = S_{ij} + \delta_{ij}\sigma_m \\ \varepsilon_{ij} = e_{ij} + \delta_{ij}\varepsilon_m \end{cases} \tag{6-38}$$

黏性体的应变 $\varepsilon_{ij}^{\mathrm{SEV}\eta 1}$ 可以表示为：

$$\varepsilon_{ij}^{\mathrm{SEV}\eta 1} = \frac{S_{ij}}{2\eta_{\mathrm{SEV1}}}t \tag{6-39}$$

弹性体的应变 $\varepsilon_{ij}^{\mathrm{SEVE1}}$ 可以表示为：

$$\varepsilon_{ij}^{\mathrm{SEVE1}} = \frac{1}{2G_{\mathrm{SEV1}}}S_{ij} + \frac{1}{3K}\sigma_m\delta_{ij} \tag{6-40}$$

假设胶结充填体体积变化为弹性，其蠕变变形主要表现在剪切变形上，则黏弹性体的应变 $\varepsilon_{ij}^{\mathrm{SEV2}}$ 可以表示为：

$$\varepsilon_{ij}^{\mathrm{SEV2}} = \frac{1}{2G_{\mathrm{SEV2}}}\Big[1 - \exp\Big(-\frac{G_{\mathrm{SEV2}}}{\eta_{\mathrm{SEV2}}}t\Big)\Big]S_{ij} \tag{6-41}$$

假设胶结充填材料的屈服函数为 F，F_0 为该屈服函数的初始值，有：

$$\phi\Big(\frac{F}{F_0}\Big) = \begin{cases} 0,(F < 0) \\ \phi\Big(\dfrac{F}{F_0}\Big),(F \geqslant 0) \end{cases} \tag{6-42}$$

黏塑性体的应变 $\varepsilon_{ij}^{\mathrm{SEV3}}$ 可表示为：

$$\varepsilon_{ij}^{\mathrm{SEV3}} = \frac{1}{\eta_{\mathrm{SEV3}}}\Big\langle \phi\Big(\frac{F}{F_0}\Big)\Big\rangle \frac{\partial Q}{\partial \sigma_{ij}}t \tag{6-43}$$

式中：Q 为塑性势函数；$\phi(x)$ 为幂函数。

令幂函数 $\phi(x)$ 的幂指数为 1，根据相关联流动法则，在 $F \geqslant 0$ 条件下，式（6-43）可改写为：

$$\varepsilon_{ij}^{\mathrm{SEV3}} = \frac{1}{\eta_{\mathrm{SEV3}}}\frac{F}{F_0}\frac{\partial F}{\partial \sigma_{ij}}t \tag{6-44}$$

通常认为，应力偏量在岩土材料的蠕变变形过程中起主要作用，因此该屈服函数可以采用下式进行描述：

$$F = \sqrt{J_2} - \sigma_s/\sqrt{3} \tag{6-45}$$

式中，J_2 为应力偏量第二不变量。

在上面已经阐述构建带应变触发的非线性黏壶的原因，容易得到该黏壶在三维应力条件下的应变 $\varepsilon_{ij}^{\mathrm{SEV4}}$：

$$\varepsilon_{ij}^{\mathrm{SEV4}} = \begin{cases} 0,(\varepsilon_{11} < \varepsilon_{t_S}) \\ \dfrac{S_{ij}}{\eta_{\mathrm{SEV4}}}(t - t_S)^{n_c},(\varepsilon_{11} \geqslant \varepsilon_{t_S}) \end{cases} \tag{6-46}$$

将式(6-39)、式(6-40)、式(6-41)、式(6-44)和式(6-46)代入式(6-36)，可得到蠕变模型的三维形式：

$$\varepsilon_{ij}(t) = \begin{cases} \dfrac{S_{ij}}{2\eta_{\text{SEV1}}}t + \dfrac{1}{2G_{\text{SEV1}}}S_{ij} + \dfrac{1}{3K}\sigma_{\text{m}}\delta_{ij} + \dfrac{1}{2G_{\text{SEV2}}}\Big[1 - \exp\Big(-\dfrac{G_{\text{SEV2}}}{\eta_{\text{SEV2}}}t\Big)\Big]S_{ij}, \\ (F < 0, \varepsilon_{11} < \varepsilon_{t_{\text{S}}}) \\[4pt] \dfrac{S_{ij}}{2\eta_{\text{SEV1}}}t + \dfrac{1}{2G_{\text{SEV1}}}S_{ij} + \dfrac{1}{3K}\sigma_{\text{m}}\delta_{ij} + \dfrac{1}{2G_{\text{SEV2}}}\Big[1 - \exp\Big(-\dfrac{G_{\text{SEV2}}}{\eta_{\text{SEV2}}}t\Big)\Big]S_{ij} + \\ \dfrac{1}{\eta_{\text{SEV3}}}\dfrac{F}{F_0}\dfrac{\partial F}{\partial \sigma_{ij}}t, (F \geqslant 0, \varepsilon_{11} < \varepsilon_{t_{\text{S}}}) \\[4pt] \dfrac{S_{ij}}{2\eta_{\text{SEV1}}}t + \dfrac{1}{2G_{\text{SEV1}}}S_{ij} + \dfrac{1}{3K}\sigma_{\text{m}}\delta_{ij} + \dfrac{1}{2G_{\text{SEV2}}}\Big[1 - \exp\Big(-\dfrac{G_{\text{SEV2}}}{\eta_{\text{SEV2}}}t\Big)\Big]S_{ij} + \\ \dfrac{1}{\eta_{\text{SEV3}}}\dfrac{F}{F_0}\dfrac{\partial F}{\partial \sigma_{ij}}t + \dfrac{S_{ij}}{2\eta_{\text{SEV4}}}(t - t_{\text{S}})^{n_{\text{c}}}, (F \geqslant 0, \varepsilon_{11} \geqslant \varepsilon_{t_{\text{S}}}) \end{cases}$$

(6-47)

假设胶结充填体在地下采场的应力条件与常规三轴压缩试验条件等同，也即不考虑中间主应力对上述模型的影响，有 $\sigma_2 = \sigma_3$，则：

$$\sigma_{\text{m}} = \frac{1}{3}(\sigma_1 + 2\sigma_3)$$

(6-48)

$$S_{11} = \sigma_1 - \sigma_{\text{m}} = \frac{2}{3}(\sigma_1 - \sigma_3)$$

(6-49)

$$\sqrt{J_2} = \frac{1}{\sqrt{3}}(\sigma_1 - \sigma_3)$$

(6-50)

将式(6-48)、式(6-49)和式(6-50)代入式(6-47)，并令屈服函数的初始值 $F_0 = 1$，则有 $\sigma_2 = \sigma_3$ 条件下非线性黏弹塑性蠕变方程的三维形式：

$$\varepsilon_{11}(t) = \begin{cases} \dfrac{\sigma_1 - \sigma_3}{3\eta_{\text{SEV1}}}t + \dfrac{\sigma_1 - \sigma_3}{3G_{\text{SEV1}}} + \dfrac{\sigma_1 + 2\sigma_3}{9K} + \dfrac{\sigma_1 - \sigma_3}{3G_{\text{SEV2}}}\Big[1 - \exp\Big(-\dfrac{G_{\text{SEV2}}}{\eta_{\text{SEV2}}}t\Big)\Big], \\ (F < 0, \varepsilon_{11} < \varepsilon_{t_{\text{S}}}) \\[4pt] \dfrac{\sigma_1 - \sigma_3}{3\eta_{\text{SEV1}}}t + \dfrac{\sigma_1 - \sigma_3}{3G_{\text{SEV1}}} + \dfrac{\sigma_1 + 2\sigma_3}{9K} + \dfrac{\sigma_1 - \sigma_3}{3G_{\text{SEV2}}}\Big[1 - \exp\Big(-\dfrac{G_{\text{SEV2}}}{\eta_{\text{SEV2}}}t\Big)\Big] + \\ \dfrac{\sigma_1 - \sigma_3 - \sigma_{\text{s}}}{3\eta_{\text{SEV3}}}t, (F \geqslant 0, \varepsilon_{11} < \varepsilon_{t_{\text{S}}}) \\[4pt] \dfrac{\sigma_1 - \sigma_3}{3\eta_{\text{SEV1}}}t + \dfrac{\sigma_1 - \sigma_3}{3G_{\text{SEV1}}} + \dfrac{\sigma_1 + 2\sigma_3}{9K} + \dfrac{\sigma_1 - \sigma_3}{3G_{\text{SEV2}}}\Big[1 - \exp\Big(-\dfrac{G_{\text{SEV2}}}{\eta_{\text{SEV2}}}t\Big)\Big] + \\ \dfrac{\sigma_1 - \sigma_3 - \sigma_{\text{s}}}{3\eta_{\text{SEV3}}}t + \dfrac{\sigma_1 - \sigma_3}{3\eta_{\text{SEV4}}}(t - t_{\text{S}})^{n_{\text{c}}}, (F \geqslant 0, \varepsilon_{11} \geqslant \varepsilon_{t_{\text{S}}}) \end{cases}$$

(6-51)

6.5 胶结充填体非线性黏弹塑性蠕变损伤模型研究

6.5.1 非线性蠕变损伤机理

岩土材料蠕变变形的实质是承载结构损伤的逐渐积累,该损伤往往是由内部黏结颗粒断裂和晶粒间摩擦滑移产生的。采用声发射技术对胶结充填体试样蠕变变形过程中的损伤进行监测,结果如图 6-22 所示。由图可知,试样在衰减蠕变 o-t_A 初期,出现多次较大的声发射信号,而后声发射信号的强度逐渐减弱;在稳定蠕变 t_A-t_S 阶段,声发射信号的强度基本一致,伴随着少数较大的声发射信号;显然,在由稳定蠕变向加速蠕变的转折时刻 t_S,声发射信号的强度明显增大,表明结构开始加速损伤。因此,需要进一步构建胶结充填体的损伤蠕变模型。

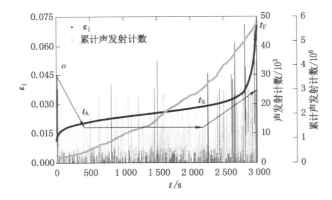

图 6-22 胶结充填体试样蠕变变形过程中的声发射监测结果

Kachanov[353]认为可以将损伤变量表示为:

$$D = \frac{A_D}{A} \qquad (6\text{-}52)$$

式中:A_D 为试样断面的损伤面积;A 为试样断面的无损面积。

采用声发射信号描述上式,设无损试样断面 A 完全破坏时有累计声发射计数 C_0,则单位面积微元破坏的声发射计数 C_w 为:

$$C_w = \frac{C_0}{A} \qquad (6\text{-}53)$$

当试样断面对应的损伤面积达到 A_D 时,累计声发射计数 C_D 为:

$$C_D = C_w A_D = \frac{C_0}{A} A_D \qquad (6\text{-}54)$$

所以有：

$$D = \frac{C_D}{C_0} \tag{6-55}$$

在试验过程中，由于设置试样破坏的极限条件不同，试样还没完全破坏，试验系统就已经停止加载，因此将损伤变量 D 修正为：

$$D = D_U \frac{C_D}{C_0} \tag{6-56}$$

式中，D_U 为损伤临界值。

图 6-22 给出的胶结充填体试样在蠕变变形最大时仍能保持 8 kN 的蠕变荷载，在这里不妨采用变形模量表征损伤临界值：

$$D_U = 1 - \frac{E_F}{E_c} \tag{6-57}$$

式中：E_F 为蠕变变形末端点试样的变形模量；E_c 为该试样常规压缩试验中的最大变形模量。

对于图 6-22 给出的 0.5 MPa 围压下胶结材料含量为 30 g 和骨料颗粒级配 Talbot 指数为 0.6 的胶结充填体试样，$E_F = 57.939\ 8$ MPa，$E_c = 1.230\ 8$ GPa。根据式(6-56)和式(6-57)，可以得到该试样基于声发射信号的损伤变量，如图 6-23 所示。由图可知，试样的损伤变量与时间呈正相关关系，曲线呈上凹形，曲线导数不断增大也即损伤速率不断增大，且曲线最大值恒小于 1。据此不妨设：

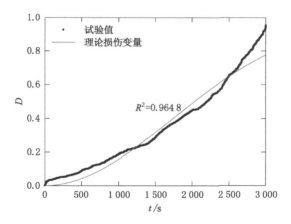

图 6-23 理论损伤变量与声发射损伤变量的对比

$$D = 1 - e^{-\xi_{D1} t^{\xi_{D2}}} \tag{6-58}$$

式中，ξ_{D1} 和 ξ_{D2} 为拟合参数。

图 6-23 给出了式（6-58）与基于声发射数据损伤变量的对比。由图可知，式（6-58）可以较好地描述胶结充填体试样蠕变过程中的损伤演化。

6.5.2　非线性黏弹塑性蠕变损伤模型

目前，构建岩土材料损伤蠕变模型的常用方法就是按勒梅特（Lemaitre）应变等效原理，将名义应力表示为有效应力，也即 $\tilde{\sigma}=\sigma/(1-D)$。再将损伤演化方程 $D=D(t)$ 代入蠕变模型，以求出考虑损伤的蠕变模型。对于图 6-19 所示的非线性黏弹塑性蠕变模型，其考虑损伤的蠕变模型的状态方程可表示为：

$$
\begin{cases}
\sigma_{\mathrm{SEV}\eta 1} = (1-D)\eta_{\mathrm{SEV1}}\dot{\varepsilon}_{\mathrm{SEV}\eta 1} \\
\sigma_{\mathrm{SEVE1}} = (1-\alpha D)E_{\mathrm{SEV1}}\varepsilon_{\mathrm{SEVE1}} \\
\sigma_{\mathrm{SEV2}} = (1-\alpha D)E_{\mathrm{SEV2}}\varepsilon_{\mathrm{SEV2}} + (1-D)\eta_{\mathrm{SEV2}}\dot{\varepsilon}_{\mathrm{SEV2}} \\
\sigma_{\mathrm{SEV3}} = (1-\alpha D)\sigma_{\mathrm{s}} + (1-D)\eta_{\mathrm{SEV3}}\dot{\varepsilon}_{\mathrm{SEV3}} \\
\sigma_{\mathrm{SEV4}} = (1-D)\eta_{\mathrm{SEV4}}\dot{\varepsilon}_{\mathrm{SEV4}}(n_{\mathrm{c}}t^{n_{\mathrm{c}}-1}) \\
\sigma = \sigma_{\mathrm{SEV}\eta 1} = \sigma_{\mathrm{SEVE1}} = \sigma_{\mathrm{SEV2}} = \sigma_{\mathrm{SEV3}} = \sigma_{\mathrm{SEV4}} \\
\varepsilon = \varepsilon_{\mathrm{SEV}\eta 1} + \varepsilon_{\mathrm{SEVE1}} + \varepsilon_{\mathrm{SEV2}} + \varepsilon_{\mathrm{SEV3}} + \varepsilon_{\mathrm{SEV4}}
\end{cases}
\tag{6-59}
$$

对式（6-59）进行拉普拉斯变换和逆变换，容易得到考虑损伤的非线性黏弹塑性蠕变模型：

$$
\varepsilon(t) = \begin{cases}
\dfrac{\sigma}{(1-D)\eta_{\mathrm{SEV1}}}t + \dfrac{\sigma}{(1-\alpha D)E_{\mathrm{SEV1}}} + \dfrac{\sigma}{(1-\alpha D)E_{\mathrm{SEV2}}}\left[1-\exp\left(-\dfrac{(1-\alpha D)E_{\mathrm{SEV2}}}{(1-D)\eta_{\mathrm{SEV2}}}t\right)\right], \\
(\sigma < \sigma_{\mathrm{s}}, \varepsilon < \varepsilon_{t_{\mathrm{S}}}) \\[4pt]
\dfrac{\sigma}{(1-D)\eta_{\mathrm{SEV1}}}t + \dfrac{\sigma}{(1-\alpha D)E_{\mathrm{SEV1}}} + \dfrac{\sigma}{(1-\alpha D)E_{\mathrm{SEV2}}}\left[1-\exp\left(-\dfrac{(1-\alpha D)E_{\mathrm{SEV2}}}{(1-D)\eta_{\mathrm{SEV2}}}t\right)\right] + \\
\dfrac{\sigma-(1-\alpha D)\sigma_{\mathrm{s}}}{(1-D)\eta_{\mathrm{SEV3}}}t, (\sigma \geqslant \sigma_{\mathrm{s}}, \varepsilon < \varepsilon_{t_{\mathrm{S}}}) \\[4pt]
\dfrac{\sigma}{(1-D)\eta_{\mathrm{SEV1}}}t + \dfrac{\sigma}{(1-\alpha D)E_{\mathrm{SEV1}}} + \dfrac{\sigma}{(1-\alpha D)E_{\mathrm{SEV2}}}\left[1-\exp\left(-\dfrac{(1-\alpha D)E_{\mathrm{SEV2}}}{(1-D)\eta_{\mathrm{SEV2}}}t\right)\right] + \\
\dfrac{\sigma-(1-\alpha D)\sigma_{\mathrm{s}}}{(1-D)\eta_{\mathrm{SEV3}}}t + \dfrac{\sigma}{(1-D)\eta_{\mathrm{SEV4}}}(t-t_{\mathrm{S}})^{n_{\mathrm{c}}}, (\sigma \geqslant \sigma_{\mathrm{s}}, \varepsilon \geqslant \varepsilon_{t_{\mathrm{S}}})
\end{cases}
\tag{6-60}
$$

显然，当 $\sigma < \sigma_{\mathrm{s}}$ 时，该模型退化为考虑损伤的 Burgers 蠕变模型；当 $\sigma \geqslant \sigma_{\mathrm{s}}$ 且 $\varepsilon < \varepsilon_{t_{\mathrm{S}}}$ 时，该模型退化为考虑损伤的六元件黏弹塑性蠕变模型；当 $\sigma \geqslant \sigma_{\mathrm{s}}$ 且 $\varepsilon \geqslant \varepsilon_{t_{\mathrm{S}}}$ 时，该模型即为考虑损伤的七元件黏弹塑性蠕变模型。式中损伤演化方程 $D=D(t)$ 即为式（6-58）。

6.6 本章小结

本章利用 MTS815 电液伺服岩石力学试验系统开展了胶结充填体在单轴压缩和常规三轴压缩下的分级蠕变试验，探讨了围压、胶结材料含量和骨料颗粒级配 Talbot 指数对胶结充填体蠕变特征的影响规律。采用 Burgers 蠕变模型描述胶结充填体的黏弹性特征，分析了围压、胶结材料含量和骨料颗粒级配 Talbot 指数对模型参数的影响。构建了胶结充填体的非线性黏弹塑性蠕变模型，并设计了优化模型参数的遗传算法，利用该算法对试验结果进行了成功辨识，并讨论了所构建模型参数的物理意义。在此基础上，推导了该蠕变模型的三维形式。分析了蠕变引起的胶结充填体损伤的机理，提出了一种考虑损伤的非线性黏弹塑性蠕变模型。主要结论如下：

（1）胶结充填体在低应力条件下只表现出衰减蠕变和稳定蠕变，在高应力条件下出现加速蠕变。其能够承受的蠕变级数和时间与围压和胶结材料含量均呈正相关关系，而与骨料颗粒级配 Talbot 指数无明显关系，但容易发现骨料颗粒级配 Talbot 指数为 0.6 的胶结充填体表现出更好的抗变形能力。

（2）Maxwell 蠕变模型和 Kelvin 蠕变模型均不能描述胶结充填体的黏弹性特征，而 Burgers 蠕变模型与试验结果表现出较好的相关性。基于 Burgers 蠕变模型，胶结充填体的稳定蠕变速率和达到稳定蠕变的时间与应力水平呈正相关关系，与胶结材料含量呈负相关关系，与围压和骨料颗粒级配 Talbot 指数之间则未发现明显规律。模型参数 E_{B1}、E_{B2}、η_{B1} 和 η_{B2} 与围压呈负相关关系，仅发现模型参数 E_{B1} 与胶结材料含量呈正相关关系，而与骨料颗粒级配 Talbot 指数则呈先增大后减小的关系，模型参数 E_{B2}、η_{B1} 和 η_{B2} 与胶结材料含量和骨料颗粒级配 Talbot 指数间未发现明显关系。

（3）Burgers 蠕变模型可以较好地描述胶结充填体的黏弹性特征，但无法描述其塑性特征。构造了一种带应变触发的非线性黏壶，将其与一个黏塑性体和 Burgers 体串联，建立了胶结充填体的非线性黏弹塑性蠕变模型。构建了优化该蠕变模型中 7 个决策参量的遗传算法，基于式（6-14）令 $\frac{\sigma}{\eta_{SEV4}}(t_i - t_S)^{n_c} = 0$，该算法退化为优化六元件黏弹塑性蠕变模型的遗传算法；基于式（6-14）令 $\frac{\sigma - \sigma_s}{\eta_3} t_i + \frac{\sigma}{\eta_{SEV4}}(t_i - t_S)^{n_c} = 0$，该算法退化为优化 Burgers 蠕变模型的遗传算法。采用该算法对胶结充填体的蠕变试验结果进行了成功辨识，得到了该非线性黏弹塑性蠕变模型参数。讨论了所构建非线性黏壶模型参数的物理意义，基于试验结果验证了所建立非线性黏弹塑性蠕变模型的有效性和合理性。在此基础上,推导了该非线性黏弹塑性蠕变模型的三维形式。

　　(4) 胶结充填体蠕变变形的实质是内部裂纹演化和承载结构损伤的逐渐积累,采用声发射信号表征胶结充填体的损伤变量,认为该损伤变量与时间的关系服从 $D=1-\mathrm{e}^{-\varepsilon_{D1}t^{\varepsilon_{D2}}}$。基于 Lemaitre 应变等效原理,将该损伤演化方程代入非线性黏弹塑性蠕变模型,推导出非线性黏弹塑性蠕变损伤模型。当 $\sigma<\sigma_s$ 时,该模型退化为考虑损伤的 Burgers 蠕变模型;当 $\sigma\geqslant\sigma_s$ 且 $\varepsilon<\varepsilon_{t_S}$ 时,该模型退化为考虑损伤的六元件黏弹塑性蠕变模型;当 $\sigma\geqslant\sigma_s$ 且 $\varepsilon\geqslant\varepsilon_{t_S}$ 时,该模型即为考虑损伤的七元件黏弹塑性蠕变模型。

7　充填开采对岩层移动和地表沉陷的影响研究

充填开采过程中,工作面推进距离和胶结充填体的力学特性均对岩层移动和地表沉陷产生影响。如果胶结充填体力学强度较低,则其上覆岩层在较短的推进距离下就表现出较大的下沉位移,不仅增大了煤炭开采成本,充填效果也远远没有达到工程预期要求。在完成充填开采作业后,胶结充填体在上覆岩层的长时作用下能否有效控制岩层移动和地表沉陷取决于其蠕变特性。因此,本章根据充填开采区域的地质条件及工况,建立与之相对应的 FLAC³ᴰ 数值计算模型,基于该模型模拟煤层的开采-充填过程,分析胶结充填体骨料颗粒级配 Talbot 指数和开采-充填距离对煤层顶板下沉位移、胶结充填体内部应力和工作面超前支承应力的影响规律,寻求满足最优充填效果的胶结充填材料的骨料颗粒粒径分布,并对该最优胶结充填体蠕变 30~780 d 的数值模型进行模拟,研究煤层上覆关键岩层和地表沉陷的时变演化规律。

7.1　充填开采区域地质条件及工况简介

金乡煤田位于山东省济宁市金乡县,北起 F2 断层,南至凫山断层,南北全长约 4.5 km,东起 F22 断层,西至 FD11 断层,东西全长约 6.7 km,井田总面积约 28.06 km²[354]。井田地表为黄土冲积平原,地势平坦,海拔标高 +37 m 左右。井田区域内分布有村庄、城镇和河流等,地表建有道路、桥梁和厂房等基础设施结构。

开采煤层平均厚度 4 m,平均埋深 500~600 m,倾角 7°~18°。煤层直接顶板为细砂岩,厚度约 40 m,富水性较弱,局部夹泥岩,上覆泥岩砂岩互层、松散层和表土。煤层直接底板为砂岩,厚度约 3.8 m,夹泥岩层;基本底为粉砂岩,厚度约 6.8 m,下距富水灰岩 50 m。采用综合机械化长壁开采对该煤层进行开采,工作面倾向长度 140 m,走向长度 281 m。

开采区域对应的地表为金乡县西郊,地面交通发达。开采影响区域内包括公路及其附属建筑物、民房和部分工厂,另有金马河(河宽 20~40 m)从该开采区域上方穿过。为了尽量减少对上覆岩层的破坏并保护地表结构[355]，采用胶结充填材料对采空区进行充填。图 7-1 给出了充填开采工作面示意图，采用采煤机沿 Y 方向进行开采。工作面两端的巷道一条用于将煤从地下运出，另一条用于将充填材料从地面运输至地下充填区域[356]。六柱式液压支架（型号ZZC9600/16/32）置于工作面后方，支撑煤层顶板，利于对采空区进行充填作业，同时可以保证矿工安全[357]。在地表设有储存水泥、粉煤灰和矿渣等材料的厂房，采用带式输送机与搅拌池连通。矿石经过处理和筛选后生成的矸石堆放在固定区域，同样采用带式输送机与搅拌池连通，用于生产充填材料。该煤矿矸石占煤炭开采量的比例较低。因此矿区地表工厂生产的固体废物得以应用，并在附近的露天采石场补充了少量骨料。破碎机布置在矸石山附近，以便于破碎废石并将骨料制成设计尺寸。根据设计方案将破碎矸石、水泥材料、粉煤灰和水等运输至搅拌池中，形成高浓度浆料。在利用胶结充填材料自身重力和充填泵的条件下，通过管道将胶结充填材料输送至地下充填工作区域。

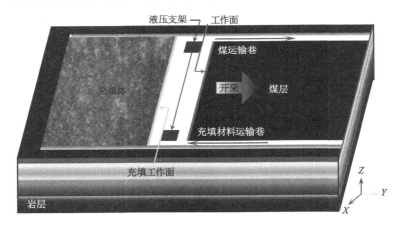

图 7-1　充填开采工作面示意图

7.2　胶结充填体控制岩层移动的优选分析

7.2.1　模型构建和模拟方法

基于上述工程背景，建立煤层开采-充填的 FLAC³ᴰ 数值模型，如图 7-2所示。

整个模型尺寸为 $X=320$ m，$Y=480$ m，$Z=636$ m。煤层工作面倾向长度

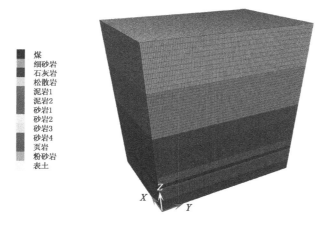

图 7-2　FLAC³ᴰ数值模型

为 120 m,沿 X 方向,左右各留 100 m。煤层工作面走向长度为 280 m,沿 Y 方向,前后各留 100 m。煤层顶板距地表(模型上边界)520 m,煤层底板距灰岩层底部(模型下边界)112 m。对煤层、煤层顶板和煤层底板的网格进行了细化,整个模型共计 2 083 200 个单元和 2 201 154 个节点。模型上边界为地表,不施加任何约束。模型四周边界施加水平约束,模型底部边界施加水平和垂直约束[358-359]。整个模型受重力作用,取重力加速度为 9.8 m/s²。

模型中各岩层和胶结充填体均采用 Mohr-Coulomb 模型,各岩层的物理力学参数可以参考该煤矿钻孔资料获得,如表 7-1 所示。胶结充填体的物理力学参数根据本研究试验得到(即胶结材料含量为 30 g 的胶结充填体试样,骨料颗粒与胶结材料质量比为 10:1),如表 7-2 所示。本研究未开展胶结充填体的拉伸试验,因此其抗拉强度根据 Mohr-Coulomb 准则计算获得。

表 7-1　各岩层的物理力学参数

岩层	密度 ρ /(kg/m³)	弹性模量 E_s/MPa	泊松比 μ	内摩擦角 φ/(°)	黏聚力 c/MPa	抗拉强度 σ_t/MPa
表土	1 950	10	0.39	12	0.04	0.001
松散层	2 230	100	0.38	19	0.09	0.020
页岩(夹泥岩)	2 690	1 130	0.23	25	1.00	1.200
砂岩 1	2 730	3 350	0.21	35	1.60	2.300
泥岩 1(夹砂岩)	2 680	1 310	0.24	27	0.90	0.800
砂岩 2	2 660	3 560	0.22	32	2.10	2.600

表 7-1(续)

岩层	密度 ρ /(kg/m³)	弹性模量 E_s/MPa	泊松比 μ	内摩擦角 φ/(°)	黏聚力 c/MPa	抗拉强度 σ_t/MPa
泥岩2	2 620	1 420	0.28	23	1.20	0.900
细砂岩	2 700	6 500	0.21	29	2.30	3.100
煤层	1 450	1 050	0.29	21	1.10	1.900
砂岩3(夹泥岩)	2 670	3 750	0.25	24	2.40	2.900
粉砂岩	2 720	5 690	0.22	35	2.80	3.300
砂岩4	2 630	5 830	0.23	33	3.20	3.800
灰岩	2 710	9 800	0.15	39	5.90	6.700

表 7-2　不同骨料颗粒粒径分布下胶结充填体的物理力学参数

n	密度 ρ/(kg/m³)	弹性模量 E_s/MPa	泊松比 μ	内摩擦角 φ/(°)	黏聚力 c/MPa	抗拉强度 σ_t/MPa
0.2	1 795	156.170 5	0.179 0	19.331 7	0.590 1	0.836 7
0.4	1 795	296.450 8	0.160 1	24.132 2	0.653 4	0.846 6
0.6	1 795	402.436 5	0.158 0	24.224 2	0.659 1	0.852 4
0.8	1 795	284.473 7	0.172 2	20.515 4	0.606 7	0.841 6

在对煤层工作面进行开采-充填前,需要先对重力作用下的模型进行初始平衡以达到初始状态。再确定煤层开采工作面的初始位置,在本模型中,煤层工作面为 X-Z 剖面,初始位置位于 X(100 m,220 m)、Y(100 m,100 m)和 Z(112 m, 116 m)处。然后对模型工作面进行开挖,沿 Y 方向进行推进。根据实际工况,第一步,对 Y_1 到 Y_2 的煤层进行开挖,然后立即采用胶结充填材料对采空区(Y_1,Y_2)进行充填,再对整个模型进行平衡。第二步,对 Y_2 到 Y_3 的煤层进行开挖,然后立即用胶结充填材料对采空区(Y_2,Y_3)进行充填,再对整个模型进行平衡。直到开采-充填至 280 m 时,模型执行最后的平衡命令即停止。根据工作面实际推进速度,每步的开采-充填距离为 20 m。在本研究模型中,未考虑胶结充填材料接顶的难易程度,假设胶结充填材料可以对该采空区进行完全充填。在这样的条件下讨论材料差异对开采-充填过程中模型位移场和应力场的影响。

7.2.2　岩层移动演化规律

以采用骨料颗粒级配 Talbot 指数为 0.6 的胶结充填材料对煤矿进行开采-充填为例,图 7-3 给出了其在开采-充填过程中的垂直位移云图(X=160 m 处的 Y-Z 剖面)。由图可知,在不同开采-充填距离下,各岩层移动主要区域始终位于充填区域上方,越靠近充填区域的岩层下沉位移越大,且在充填区域上方的中部集中。填充区域的两端仍可依靠原岩(煤)体承载,因此其表现出较小的下沉位移。

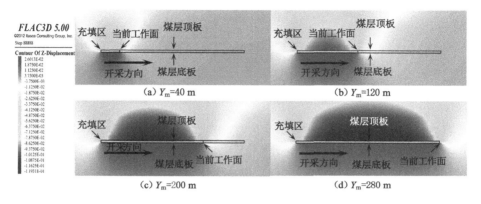

图 7-3   不同开采-充填距离下岩层垂直位移云图

图 7-4 则给出了采用不同骨料颗粒级配 Talbot 指数的胶结充填材料对煤矿进行开采-充填 280 m 后的垂直位移云图($X=160$ m 处的 Y-Z 剖面)。由图可知,不同骨料颗粒级配 Talbot 指数的胶结充填材料似乎不会影响各岩层下沉位移的分布,其差异只是表现在各岩层下沉位移的极限数值上。例如骨料颗粒级配 Talbot 指数为 0.6 的胶结充填体,煤层顶板的最大下沉位移仅有 0.119 3 m。而骨料颗粒级配 Talbot 指数为 0.2 的胶结充填体,煤层顶板的最大下沉位移已达到 0.256 3 m。该两者胶结充填体的试验条件包括胶结材料含量等均相同,由此可见优化胶结充填材料骨料颗粒粒径分布将大大改善充填效果。

为了量化胶结充填体骨料颗粒粒径分布对岩层下沉位移的影响,图 7-5 给出了采用不同骨料颗粒级配 Talbot 指数的胶结充填材料对煤矿进行不同开采-充填距离下煤层顶板的下沉位移,图 7-6 给出了不同开采-充填距离下煤层顶板的最大下沉位移与胶结充填体骨料颗粒级配 Talbot 指数的关系,图 7-7 则给出了骨料颗粒级配 Talbot 指数和开采-充填距离对煤层顶板最大下沉位移的耦合影响。由图可知,煤层顶板的下沉位移随着工作面的推进而不断增大,但下沉速率逐渐减缓。下沉位移的最大值始终位于充填区域中部的上方,该下沉位移的最大值随骨料颗粒级配 Talbot 指数先减小后增大,两者呈二次多项式关系。

由图 7-6 可知,在开采-充填 40 m 时,不同骨料颗粒级配 Talbot 指数胶结充填体的煤层顶板最大下沉位移相差并不大,保持在 0.06~0.11 m。但随着工作面的推进,不同骨料颗粒级配 Talbot 指数的胶结充填体对煤层顶板的最大下沉位移产生巨大影响。在开采-充填 200 m 时,骨料颗粒级配 Talbot 指数为 0.6

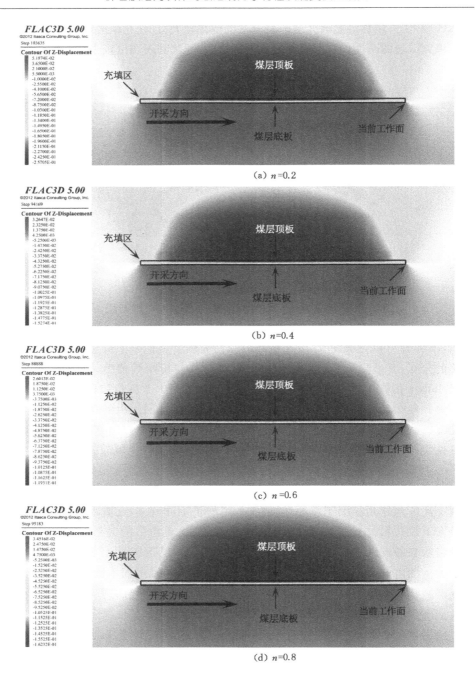

(a) n=0.2

(b) n=0.4

(c) n=0.6

(d) n=0.8

图 7-4　岩层垂直位移云图(不同骨料颗粒粒径分布胶结充填体)

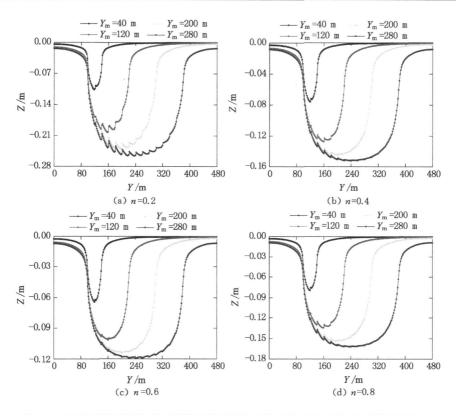

图 7-5 煤层顶板下沉位移（不同骨料颗粒粒径分布胶结充填体和不同开采距离）

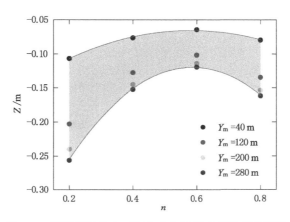

图 7-6 煤层顶板最大下沉位移与胶结充填体骨料颗粒
粒径分布的关系（不同开采距离）

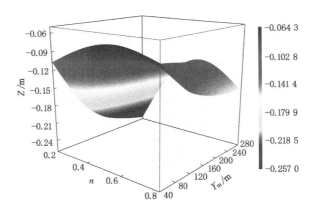

图 7-7　胶结充填体骨料颗粒粒径分布和开采距离对煤层顶板最大下沉位移的耦合影响

的胶结充填体,其煤层顶板最大下沉位移仅有 0.114 0 m,与其在开采-充填 40 m
时的 0.064 4 m 相差不大。分析认为随着工作面的推进,顶板沉陷位移逐渐趋于
稳定,该骨料颗粒粒径分布下的胶结充填体有效地控制了上覆岩层移动。而骨料
颗粒级配 Talbot 指数为 0.2 的胶结充填体,在开采-充填 200 m 时,煤层顶板最大
下沉位移已经达到 0.24 m,且仍有继续下沉的趋势,该骨料颗粒粒径分布下的胶
结充填体充填效果明显更差。这一点在图 7-7 中也得到了充分体现,据此认为优
化胶结充填材料的骨料颗粒粒径分布可以有效地控制岩层移动。

7.2.3　胶结充填体内部应力和工作面矿压显现规律

以采用骨料颗粒级配 Talbot 指数为 0.6 的胶结充填材料对煤矿进行开采-
充填为例,图 7-8 给出了其在开采-充填过程中的垂直应力云图($X = 160$ m 处的
Y-Z 剖面)。

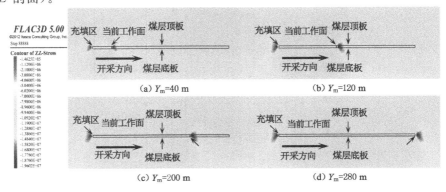

图 7-8　不同开采-充填距离下岩层垂直应力云图

由图 7-8 可知,在不同开采-充填距离下,最大垂直应力区域始终位于工作面前方 10 m 内的岩(煤)体(也即工作面超前支承应力)。对于充填区域的应力场分布则表现为中部应力大、两端小。煤体开挖卸载,导致充填区域两端的岩体承载了绝大部分应力,再对开挖部分进行充填,煤层顶板及上覆各岩层的下沉变形由中部向两端减小,因此胶结充填体中部的应力向两端也逐渐减小。

图 7-9 则给出了采用不同骨料颗粒级配 Talbot 指数的胶结充填材料对煤矿进行开采-充填 280 m 后的垂直应力云图($X=160$ m 处的 Y-Z 剖面)。由图可知,不同骨料颗粒级配 Talbot 指数的胶结充填材料不仅影响了采场垂直应力的分布,也在垂直应力的极限数值上表现出一定差异。例如骨料颗粒级配 Talbot 指数为 0.2 的胶结充填体,充填区域两端的垂直应力明显低于中部,且远小于其他级配 Talbot 指数的胶结充填体。同时其工作面超前支承应力分布更密集,应力极限数值更大。由此可见,优化胶结充填体的骨料颗粒粒径分布不仅可以有效控制上覆岩层的下沉,还可以降低开采过程中工作面的潜在危险。

为了量化胶结充填体骨料颗粒粒径分布对胶结充填体最大内部应力和工作面最大超前支承应力的影响。图 7-10 给出了不同开采-充填距离下胶结充填体最大内部应力与骨料颗粒级配 Talbot 指数的关系,图 7-11 则给出了骨料颗粒

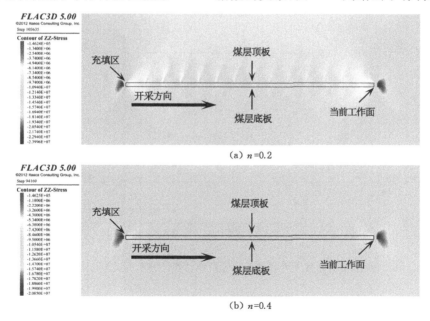

图 7-9　岩层垂直应力云图(不同骨料颗粒粒径分布胶结充填体)

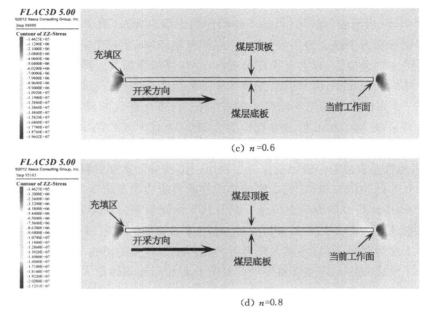

(c) n =0.6

(d) n =0.8

图 7-9(续)

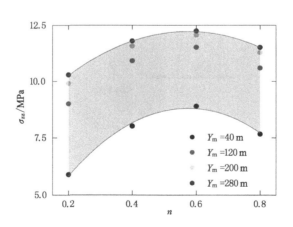

图 7-10　胶结充填体最大内部应力与骨料颗粒粒径分布的关系(不同开采距离)

级配 Talbot 指数和开采-充填距离对胶结充填体最大内部应力的耦合影响。图 7-12 给出了不同开采-充填距离下工作面最大超前支承应力与骨料颗粒级配 Talbot 指数的关系,图 7-13 则给出了骨料颗粒级配 Talbot 指数和开采-充填距离对工作面最大超前支承应力的耦合影响。由图可知,胶结充填体最大内部应力和工作面最大超前支承应力均随着工作面的推进而不断增大,但增大速率逐渐减缓。胶结充填体最大内部应力始终位于充填区域中部,该应力随骨料颗粒级配 Talbot 指数先增大后减小,最大相差可达 3 MPa 以上,两者呈二次多项式关系。而工作面最大超前支承应力则随骨料颗粒级配 Talbot 指数先减小后增大,最大相差可达 4.5 MPa 以上,也可以采用二次多项式函数描述。据此认为,优化骨料颗粒粒径分布可以提高胶结充填体的承载能力以改善其充填效果,降低工作面超前支承应力以降低工作面开采过程中的潜在危险[360]。

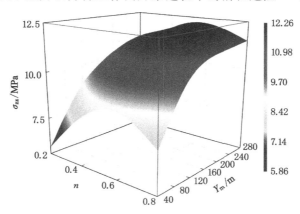

图 7-11 胶结充填体骨料颗粒粒径分布和开采距离对胶结充填体
最大内部应力的耦合影响

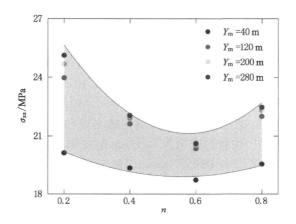

图 7-12 工作面前端岩体最大应力与胶结充填体骨料颗粒粒径分布
的关系(不同开采距离)

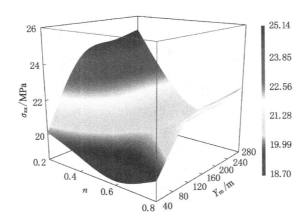

图 7-13　胶结充填体骨料颗粒粒径分布和开采距离对工作面前端岩体
最大应力的耦合影响

7.3　基于最优胶结充填体充填的关键岩层及地表沉陷时变演化规律

7.3.1　蠕变数值模型的构建和模拟方法

以上研究结果表明,采用骨料颗粒级配 Talbot 指数为 0.6 的胶结充填材料(骨料颗粒与胶结材料质量比为 10：1)对煤层进行充填开采具有更好的充填效果。因此,下面采用该类材料对采空区进行充填,研究煤层上覆关键岩层及地表沉陷的时间效应。

根据上述工程背景,开采煤层埋深 520 m,原岩(煤)垂直应力约为 12 MPa,水平应力约为 6 MPa;因此,应开展 6 MPa 围压和 12 MPa 轴压下该胶结充填体的常规三轴蠕变试验。显然,在 6 MPa 围压和 12 MPa 轴压下,该胶结充填体不会进入加速蠕变阶段。采用非线性黏弹塑性蠕变模型对试验结果进行辨识,试样仍处于 $\sigma < \sigma_s$ 条件下,该模型退化为 Burgers 蠕变模型。因此,在煤层开采-充填-蠕变的 FLAC³ᴰ数值模型中采用 Burgers 蠕变模型的 Mohr-Coulomb 推广模型(或称之为 Cvisc 模型)描述胶结充填体,也即采用 Burgers 蠕变模型描述胶结充填体的黏弹性特征和 Mohr-Coulomb 模型描述胶结充填体的塑性特征,其模型参数如表 7-3 所示。模型中各岩层仍采用 Mohr-Coulomb 模型,模型参数在表 7-1 中已给出。

表 7-3　胶结充填体 Cvisc 模型参数

Burgers 蠕变模型	数值	Mohr-Coulomb 模型	数值
体积模量 K/MPa	196.099 9	内聚力 c/MPa	0.659 1
Maxwell 剪切模量 G_M/MPa	173.768 7	内摩擦角 φ/(°)	24.224 2
Maxwell 黏滞系数 η_M/(10^6 MPa·s)	49.706 8	剪胀角 ψ/(°)	23.142 9
Kelvin 剪切模量 G_K/MPa	1 307.358 8	抗拉强度 σ_t/MPa	0.852 4
Kelvin 黏滞系数 η_K/(10^5 MPa·s)	17.571 0	密度 ρ/(kg/m³)	1 795

以实际工况完成煤层开采-充填的数值模拟后,分别对采场胶结充填体开展共计 780 d 的蠕变数值模拟,其中 30～360 d 每 15 d 模拟一次,360～780 d 每 30 d 模拟一次。

7.3.2　关键岩层及地表沉陷的时变演化规律

胶结充填体在上覆岩层的长期作用下产生蠕变变形,该变形随时间增大的同时导致胶结充填体上覆岩层的下沉位移也随时间变化。图 7-14 给出了地表、关键岩层 1(砂岩 1)、关键岩层 2(砂岩 2)和煤层顶板的最大下沉位移随时间变化的曲线,同时给出了实时下沉速率。由图可知,地表、关键岩层 1、关键岩层 2 和煤层顶板的最大下沉位移均随着时间的增大而增大,但下沉速率逐渐减缓。在胶结充填体蠕变 250 d 左右,地表和各岩层的下沉速率趋于 0 mm/d,也即地表和各岩层的最大下沉位移趋于稳定,不再随时间变化而增大。采用指数关系描述地表、关键岩层 1、关键岩层 2 和煤层顶板最大下沉位移与时间的关系,具有较高的相关性,如表 7-4 所示。根据该关系可以得到地表、关键岩层 1、关键岩层 2 和煤层顶板的最终下沉位移,分别达到 99 mm、195 mm、338 mm 和 343 mm 左右。不难发现,各岩层的最终下沉位移与埋深呈正相关关系,越接近充填区域的岩层下沉位移越大。以煤层顶板的下沉位移为例,其最终下沉位移与开采-充填工况完成瞬时的下沉位移 119 mm 相差近 2 倍。由此可见,胶结充填材料的蠕变特性严重影响岩层移动和地表沉陷的时变规律。

表 7-4　最大下沉位移与时间的关系

岩层	关系	最终下沉位移/mm	R	R^2
地表	$Z_{ground} = 121.868\ 2e^{-0.023\ 3t} - 99.134\ 9$	99.134 9	0.996 3	0.992 6
煤层顶板	$Z_{roof} = 223.840\ 1e^{-0.018\ 4t} - 342.794\ 8$	342.794 8	0.993 0	0.986 1
关键岩层 1(砂岩 1)	$Z_{key1} = 190.320\ 2e^{-0.024\ 0t} - 195.445\ 7$	195.445 7	0.996 6	0.993 2
关键岩层 2(砂岩 2)	$Z_{key2} = 229.726\ 1e^{-0.018\ 1t} - 338.293\ 7$	338.293 7	0.993 8	0.987 6

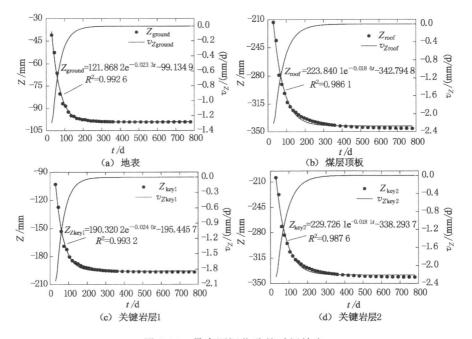

图 7-14　最大下沉位移的时间效应

7.4　本章小结

本章根据充填开采区域的地质条件及工况建立了与之相对应的 FLAC[3D] 数值计算模型,基于该模型模拟了煤层的开采-充填过程,分析了胶结充填体骨料颗粒级配 Talbot 指数和开采-充填距离对煤层顶板下沉位移、胶结充填体内部应力和工作面超前支承应力的影响规律,得到了获取最优充填效果的胶结充填材料的骨料颗粒粒径分布。对该最优胶结充填体蠕变 30～780 d 的数值模型进行了模拟,研究了煤层上覆关键岩层和地表沉陷的时变演化规律。主要结论如下:

(1)岩层移动的主要区域始终位于充填区域上方,越靠近充填区域的岩层下沉位移越大,且在充填区域上方的中部集中。以煤层顶板为例,其下沉位移随着工作面的推进而不断增大,但下沉速率逐渐减缓,最大下沉位移随胶结充填体骨料颗粒级配 Talbot 指数先减小后增大,两者呈二次多项式关系。

(2)岩体最大垂直应力区域始终位于工作面前方 10 m 内的岩(煤)体,也即工作面超前支承应力。充填区域的应力场分布表现为中部应力大、两端小。胶结充填体最大内部应力和工作面最大超前支承应力均随着工作面的推进而不断增大,但增大速率逐渐减缓。胶结充填体最大内部应力始终位于充填区域中部,该应力随胶结充填体骨料颗粒级配 Talbot 指数先增大后减小,最大相差可达 3 MPa 以上,两者呈二次多项式关系。而工作面最大超前支承应力则骨料颗粒随级配 Talbot 指数先减小后增大,最大相差可达 4.5 MPa 以上,也可以采用二次多项式关系描述。

（3）骨料颗粒级配 Talbot 指数为 0.6 的胶结充填体可以有效控制岩层移动,表现出较好的充填效果。根据地应力条件开展该胶结充填体处于 6 MPa 围压和 12 MPa 轴压下的常规三轴蠕变试验,并采用第 6 章建立的蠕变模型对试验结果进行辨识,得到了与之相对应的模型参数。基于该模型参数对胶结充填体蠕变 30～780 d 的数值模型进行了模拟,模拟结果表明可以采用指数关系描述地表和各岩层最大下沉位移与时间的关系。在 250 d 左右,地表和各岩层的下沉位移趋于稳定。地表、关键岩层 1、关键岩层 2 和煤层顶板的最终下沉位移分别为 99 mm、195 mm、338 mm 和 343 mm 左右。

8 结论与展望

8.1 主要结论

本书综合运用试验测试、理论分析和数值模拟等方法对胶结充填体的宏细观力学特性及蠕变模型开展系统研究。得到以下主要结论：

（1）通过单轴压缩、常规三轴压缩和声发射监测试验探讨了围压、胶结材料含量和骨料颗粒粒径分布对胶结充填体应力应变行为、体积应变、扩容变形、声发射响应特征、扩容起始应力和抗压强度的影响规律。结果表明：

① 围压和胶结材料含量的增大均强化了胶结充填体在扩容阶段的承载能力，表现为扩容阶段的体积应变变化量和轴向应力变化量与围压和胶结材料含量呈正相关关系。而扩容阶段的体积应变变化量和轴向应力变化量与骨料颗粒级配 Talbot 指数呈二次多项式关系，认为存在一个最优的骨料颗粒粒径分布，可使胶结充填体在扩容阶段的承载能力达到最大。

② 随着围压的增大，胶结充填体的声发射振铃计数逐渐增大。随着胶结材料含量的增大，由声发射信号表征的损伤区域（声发射振铃计数高，分布密集）逐渐减少并往后推移。随着骨料颗粒级配 Talbot 指数的增大，胶结充填体的损伤区域先减少后增多。

③ 胶结充填体的抗压强度与围压和胶结材料含量均呈正线性关系，而与骨料颗粒级配 Talbot 指数呈二次多项式关系。在不同胶结材料含量下，胶结充填体的 Mohr-Coulomb 强度参数与骨料颗粒级配 Talbot 指数呈二次多项式关系。

④ 建立了含 8 个决策变量的胶结充填体抗压强度随围压、胶结材料含量和骨料颗粒级配 Talbot 指数变化的关系式，并构建了优化决策变量的遗传算法。采用该算法实现了围压、胶结材料含量和骨料颗粒级配 Talbot 指数对胶结充填体抗压强度耦合影响的空间（四维空间）可视化。

（2）采用扫描电子显微镜观察了胶结充填体的微观结构，并分析了胶结材料含量和骨料颗粒级配 Talbot 指数对胶结充填体微观结构特征的影响规律。结果表明：

① 胶结材料含量更高的胶结充填体含有更多的针状或网状的 C-S-H 凝胶等水化产物附着在颗粒间以强化骨料颗粒间的链接,并填充更多的微孔和微裂隙等缺陷,致使结构更稳定、更致密。

② 骨料颗粒级配 Talbot 指数为 0.2 和 0.8 的胶结充填体表现出更恶劣的微观结构,而骨料颗粒级配 Talbot 指数为 0.4 和 0.6 的胶结充填体相对表现出更致密、更优越的微观结构。

(3) 利用 PFC^{3D} 软件建立了胶结充填体的颗粒流数值计算模型,模拟再现了不同围压、胶结材料含量和骨料颗粒级配 Talbot 指数下胶结充填体承载过程中的裂纹演化和颗粒破坏。结果表明:

① 在扩容起始点和峰值点,胶结充填体的裂纹总数、剪裂纹总数和百分比均与围压呈正相关关系,而拉裂纹总数和百分比则与围压呈负相关关系。在扩容起始点,胶结充填体的裂纹总数与胶结材料含量呈负相关关系;而在峰值点,胶结充填体的裂纹总数与胶结材料含量呈正相关关系。随着胶结材料含量的增大,胶结充填体表现出更均匀的裂纹分布,裂纹的非稳定扩展也多发生在扩容起始点后,表现出较好的结构性能。在扩容起始点,胶结充填体的裂纹总数与骨料颗粒级配 Talbot 指数呈负相关关系;而在峰值点,胶结充填体的裂纹总数则随着骨料颗粒级配 Talbot 指数先减小后增大,两者呈二次多项式关系。在裂纹的分布特征上,骨料颗粒级配 Talbot 指数为 0.6 的胶结充填体表现出更均匀、更对称的结构。而拉、剪裂纹总数和百分比与胶结材料含量和骨料颗粒级配 Talbot 指数间未发现明显规律。

② 在单轴压缩条件下,胶结充填体表现出拉破坏和表面剥落。在常规三轴压缩条件下,胶结充填体表现出剪切破坏。胶结材料含量更低的胶结充填体更容易形成局部剪胀。骨料颗粒级配 Talbot 指数为 0.6 的胶结充填体表现出较好的结构性能,不会出现明显的局部集中破坏和剪胀。

(4) 通过超声波探测试验分析了胶结材料含量和骨料颗粒级配 Talbot 指数对胶结充填体超声波脉冲速度的影响规律,得到了胶结充填体抗压强度与超声波脉冲速度的关系,并基于该关系提出了一种胶结充填体抗压强度的预测模型。结果表明:

① 胶结充填体的超声波脉冲速度与胶结材料含量呈正线性关系,与骨料颗粒级配 Talbot 指数呈二次多项式关系。

② 胶结充填体的抗压强度与超声波脉冲速度的关系可以采用 $\sigma_{1c} = \xi_{c1} e^{\xi_{c2} \mathrm{UPV}} - \xi_{c1}$ 描述,基于该关系得到的胶结充填体抗压强度的预测值与试验数据的平均绝对误差介于 7%~15% 之间。

(5) 通过单轴压缩和常规三轴压缩下的分级蠕变试验探讨了围压、胶结材料含量和骨料颗粒粒径分布对胶结充填体蠕变特征的影响规律；采用 Burgers 蠕变模型描述了胶结充填体的黏弹性特征，分析了围压、胶结材料含量和骨料颗粒级配 Talbot 指数对模型参数的影响规律；建立了胶结充填体的非线性黏弹塑性蠕变模型，构建了优化模型参数的遗传算法，利用该算法对试验结果进行了成功辨识，并讨论了所构建模型参数的物理意义；在此基础上，推导了该蠕变模型的三维形式；分析了蠕变引起胶结充填体损伤的机理，提出了一种考虑损伤的非线性黏弹塑性蠕变模型。结果表明：

① 胶结充填体在低应力条件下表现出衰减蠕变和稳定蠕变，在高应力条件下出现加速蠕变。其能够承载的蠕变级数和时间与围压和胶结材料含量呈正相关关系，而与骨料颗粒级配 Talbot 指数无明显关系，但容易发现骨料颗粒级配 Talbot 指数为 0.6 的胶结充填体表现出更好的抗变形能力。

② 基于 Burgers 蠕变模型，胶结充填体的稳定蠕变速率和达到稳定蠕变的时间与应力水平呈正相关关系，与胶结材料含量呈负相关关系，与围压和骨料颗粒级配 Talbot 指数间则未发现明显规律。模型参数 E_{B1}、E_{B2}、η_{B1} 和 η_{B2} 与围压呈负相关关系，模型参数 E_{B1} 与胶结材料含量呈正相关关系，而与骨料颗粒级配 Talbot 指数则呈先增大后减小的关系，模型参数 E_{B2}、η_{B1} 和 η_{B2} 与胶结材料含量和骨料颗粒级配 Talbot 指数间未发现明显关系。

③ 构造了一种带应变触发的非线性黏壶，将其与一个黏塑性体和 Burgers 体串联，建立了胶结充填体的非线性黏弹塑性蠕变模型。构建了优化该蠕变模型中 7 个决策参量的遗传算法，采用该算法对胶结充填体的蠕变试验结果进行了成功辨识，得到了该非线性黏弹塑性蠕变模型参数。讨论了所构建非线性黏壶模型参数的物理意义，基于试验结果验证了所建立非线性黏弹塑性蠕变模型的有效性和合理性。在此基础上，推导了该非线性黏弹塑性蠕变模型的三维形式。

④ 采用声发射信号表征胶结充填体蠕变过程中的损伤变量，该损伤变量与时间的关系服从 $D=1-e^{-\delta_{D1}t^{\delta_{D2}}}$。结合该损伤演化方程，提出了一种考虑损伤的非线性黏弹塑性蠕变模型。当 $\sigma<\sigma_s$ 时，该模型退化为考虑损伤的 Burgers 蠕变模型；当 $\sigma\geq\sigma_s$ 且 $\varepsilon<\varepsilon_{t_s}$ 时，该模型退化为考虑损伤的六元件黏弹塑性蠕变模型；当 $\sigma\geq\sigma_s$ 且 $\varepsilon\geq\varepsilon_{t_s}$ 时，该模型即为考虑损伤的七元件黏弹塑性蠕变模型。

（6）利用有限差分软件 FLAC³ᴰ模拟了煤层的开采-充填过程，分析了胶结充填体骨料颗粒粒径分布和开采-充填距离对煤层顶板下沉位移、胶结充填体内部应力和工作面超前支承应力的影响规律，得到了满足最优充填效果的胶结充填材料的骨料颗粒粒径分布。对该最优胶结充填体蠕变 30～780 d 的数值模型进行了模拟，得到了煤层上覆关键岩层和地表沉陷的时变演化规律。结果表明，可以采用指数关系描述地表和各岩层最大下沉位移与时间的关系。在 250 d 左右,地表和各岩层的最大下沉位移趋于稳定;地表、关键岩层 1、关键岩层 2 和煤层顶板的最终下沉位移分别为 99 mm、195 mm、338 mm 和 343 mm 左右。

8.2　研究展望

本书通过单轴压缩、常规三轴压缩、分级蠕变、声发射监测、超声波探测和电子显微镜扫描试验、颗粒流软件 PFC³ᴰ 和有限差分软件 FLAC³ᴰ数值模拟,对胶结充填体的宏细观力学特性及蠕变模型开展了系统的研究,取得了一定的研究成果,对充填开采的工程应用和理论分析具有一定意义和价值。然而,受限于当前研究技术和笔者个人研究水平,尚有诸多不足之处有待进一步完善。

(1) 就胶结充填体力学特性的研究现状看来,在工程条件和经济效益的制约下,追求更高强度的胶结充填体已成当前研究的发展趋势。因此,本书探讨了围压、胶结材料含量和骨料颗粒级配 Talbot 指数与胶结充填体抗压强度的关系。事实上,胶结充填体在上覆岩层的作用下压缩变形,上覆岩层下沉变形释放能量,胶结充填体抑制上覆岩层下沉的同时吸收能量。因此,研究胶结充填体承载过程中的能量演化,探讨围压、胶结材料含量和骨料颗粒级配 Talbot 指数对胶结充填体能耗特征的影响规律,对于了解胶结充填体与岩体的合理匹配、科学确定胶结充填材料的生产方案、节约充填成本和提高充填效果同样具有重要意义。

(2) 骨料颗粒粒径跨度的巨大差异和各粒径区间颗粒质量分布的多样性,导致描述胶结充填体骨料颗粒粒径分布与力学参数间关系的困难。因此,本书采用 Talbot 级配理论描述胶结充填体的骨料颗粒粒径分布,通过试验得到了不同围压和不同胶结材料含量下骨料颗粒级配 Talbot 指数与抗压强度的关系,在给定级配范围的条件下可以求得骨料颗粒的最优级配。但是,该最优粒径分布只是 Talbot 级配理论的最优分布,该最优粒径分布是否具有普适性仍需进一步验证。Talbot 级配理论是单一参数级配理论,在累计粒径分布曲线中属于凸曲线。是否存在其他级配理论下的更优越的粒径分布需要进一步开展试验研究进行验证。

(3) 胶结充填体力学参数的影响因素很多,为了描述多因素耦合作用对其抗压强度的影响,本书建立了抗压强度随围压、胶结材料含量和骨料颗粒级配 Talbot 指数变化的关系,并构建一种遗传算法对该关系中的决策参量进行优化。显然,这 3 种因素不能完全表现出所有影响因素的耦合作用,该算法能否适用于更多影响因素下胶结充填体力学参数的变化规律有待研究。

（4）胶结充填体的力学特性及其承载过程中的损伤演化均由其内部结构决定。本书在胶结充填体的 PFC^{3D} 数值模拟中考虑了围压、胶结材料含量和骨料颗粒级配 Talbot 指数的影响，涉及更多其他影响因素如何在 PFC^{3D} 数值模型构建中实现将是胶结充填体细观结构模拟的难点，例如如何在 PFC^{3D} 数值模型中表征纳米材料、碱性矿物和吸水物质等材料的实际作用，怎样体现养护温度、养护时间和腐蚀环境对胶结充填体的影响等。

（5）胶结充填体能否在其服役期间有效控制岩层移动和地表沉陷取决于其蠕变特性，本书对不同围压、胶结材料含量和骨料颗粒级配 Talbot 指数下的胶结充填体开展了分级蠕变试验，涉及更多其他影响因素对其蠕变特征的影响将是未来工作的重点，并且需要充分考虑胶结充填体的内在结构和材料组分，分析其蠕变损伤或蠕变硬化的内在机理。

参 考 文 献

[1] 钱鸣高,许家林,缪协兴.煤矿绿色开采技术[J].中国矿业大学学报,2003,32(4):343-348.

[2] 钱鸣高.煤炭的科学开采[J].煤炭学报,2010,35(4):529-534.

[3] 缪协兴,钱鸣高.中国煤炭资源绿色开采研究现状与展望[J].采矿与安全工程学报,2009,26(1):1-14.

[4] 王家臣,杨胜利,杨宝贵,等.长壁矸石充填开采上覆岩层移动特征模拟实验[J].煤炭学报,2012,37(8):1256-1262.

[5] 刘长友,杨培举,侯朝炯,等.充填开采时上覆岩层的活动规律和稳定性分析[J].中国矿业大学学报,2004,33(2):166-169.

[6] 缪协兴,黄艳利,巨峰,等.密实充填采煤的岩层移动理论研究[J].中国矿业大学学报,2012,41(6):863-867.

[7] 缪协兴,孙亚军,浦海.干旱半干旱矿区保水采煤方法与实践[M].徐州:中国矿业大学出版社,2011.

[8] 缪协兴,张吉雄.井下煤矸分离与综合机械化固体充填采煤技术[J].煤炭学报,2014,39(8):1424-1433.

[9] 张吉雄,李剑,安泰龙,等.矸石充填综采覆岩关键层变形特征研究[J].煤炭学报,2010,35(3):357-362.

[10] 张吉雄,缪协兴,郭广礼.矸石(固体废物)直接充填采煤技术发展现状[J].采矿与安全工程学报,2009,26(4):395-401.

[11] 何满潮,谢和平,彭苏萍,等.深部开采岩体力学研究[J].岩石力学与工程学报,2005,24(16):2803-2813.

[12] 谢和平,高峰,鞠杨.深部岩体力学研究与探索[J].岩石力学与工程学报,2015,34(11):2161-2178.

[13] BIAN Z F,MIAO X X,LEI S G,et al. The challenges of reusing mining and mineral-processing wastes[J]. Science,2012,337:702-703.

[14] 缪协兴,张吉雄,郭广礼.综合机械化固体废物充填采煤方法与技术[M].徐州:中国矿业大学出版社,2010.

[15] 许家林.煤矿绿色开采[M].徐州：中国矿业大学出版社,2011.

[16] 查剑锋.固体充填采煤沉陷控制理论及其应用[M].徐州：中国矿业大学出版社,2011.

[17] 缪协兴.综合机械化固体充填采煤技术研究进展[J].煤炭学报,2012,37(8):1247-1255.

[18] 缪协兴,张吉雄,郭广礼.综合机械化固体充填采煤方法与技术研究[J].煤炭学报,2010,35(1):1-6.

[19] 谢和平,王金华,王国法,等.煤炭革命新理念与煤炭科技发展构想[J].煤炭学报,2018,43(5):1187-1197.

[20] 赵海军,马凤山,李国庆,等.充填法开采引起地表移动、变形和破坏的过程分析与机理研究[J].岩土工程学报,2008,30(5):670-676.

[21] 周爱民,古德生.基于工业生态学的矿山充填模式[J].中南大学学报（自然科学版）,2004,35(3):468-472.

[22] 冯国瑞,任亚峰,张绪言,等.塔山矿充填开采的粉煤灰活性激发实验研究[J].煤炭学报,2011,36(5):732-737.

[23] JU F,ZHANG J X,ZHANG Q. Vertical transportation system of solid material for backfilling coal mining technology[J]. International journal of mining science and technology,2012,22(1):41-45.

[24] DENG D Q,LIU L,YAO Z L,et al. A practice of ultra-fine tailings disposal as filling material in a gold mine[J]. Journal of environmental management, 2017,196:100-109.

[25] RANKINE R M,SIVAKUGAN N. Geotechnical properties of cemented paste backfill from Cannington Mine,Australia[J]. Geotechnical and geological engineering,2007,25(4):383-393.

[26] SIVAKUGAN N,RANKINE R M,RANKINE K J,et al. Geotechnical considerations in mine backfilling in Australia[J]. Journal of cleaner production,2006,14(12/13):1168-1175.

[27] PAJUNEN N,WATKINS G,WIERINK M,et al. Drivers and barriers of effective industrial material use[J]. Minerals engineering,2012,29:39-46.

[28] 赵奎,王晓军,刘洪兴,等.布筋尾砂胶结充填体顶板力学性状试验研究[J].岩土力学,2011,32(1):9-14.

[29] TESARIK D R,SEYMOUR J B,YANSKE T R. Long-term stability of a backfilled room-and-pillar test section at the Buick Mine,Missouri,USA [J]. International journal of rock mechanics and mining sciences,2009,46

（7）：1182-1196.

[30] OUELLET S，BUSSIÈRE B，MBONIMPA M，et al. Reactivity and mineralogical evolution of an underground mine sulphidic cemented paste backfill[J]. Minerals engineering，2006，19（5）：407-419.

[31] FALL M，NASIR O. Mechanical behaviour of the interface between cemented tailings backfill and retaining structures under shear loads[J]. Geotechnical and geological engineering，2010，28（6）：779-790.

[32] WANG X M，ZHAO B，ZHANG Q L. Cemented backfill technology based on phosphorous gypsum[J]. Journal of Central South University of Technology，2009，16（2）：285-291.

[33] ZHU W B，XU J M，XU J L，et al. Pier-column backfill mining technology for controlling surface subsidence[J]. International journal of rock mechanics and mining sciences，2017，96：58-65.

[34] 缪协兴，巨峰，黄艳利，等. 充填采煤理论与技术的新进展及展望[J]. 中国矿业大学学报，2015，44（3）：391-399.

[35] 刘志祥，李夕兵，赵国彦，等. 充填体与岩体三维能量耗损规律及合理匹配[J]. 岩石力学与工程学报，2010，29（2）：344-348.

[36] 徐文彬，宋卫东，王东旭，等. 胶结充填体三轴压缩变形破坏及能量耗散特征分析[J]. 岩土力学，2014，35（12）：3421-3429.

[37] 马斐，张东升，张晓春. 基于变形量控制的充填体力学参数研究[J]. 岩土力学，2007，28（增刊 1）：545-548.

[38] ZHANG J X，LI B Y，ZHOU N，et al. Application of solid backfilling to reduce hard-roof caving and longwall coal face burst potential[J]. International journal of rock mechanics and mining sciences，2016，88：197-205.

[39] LIU G S，LI L，YANG X C，et al. Stability analyses of vertically exposed cemented backfill：a revisit to Mitchell′s physical model tests[J]. International journal of mining science and technology，2016，26（6）：1135-1144.

[40] YIN S H，WU A X，HU K J，et al. The effect of solid components on the rheological and mechanical properties of cemented paste backfill[J]. Minerals engineering，2012，35：61-66.

[41] MAHLABA J S，KEARSLEY E P，KRUGER R A. Effect of fly ash characteristics on the behaviour of pastes prepared under varied brine conditions[J]. Minerals engineering，2011，24（8）：923-929.

[42] 冯光明，孙春东，王成真，等. 超高水材料采空区充填方法研究[J]. 煤炭学

报,2010,35(12):1963-1968.

[43] ERCIKDI B,KESIMAL A,CIHANGIR F,et al. Cemented paste backfill of sulphide-rich tailings:importance of binder type and dosage[J]. Cement and concrete composites,2009,31(4):268-274.

[44] 徐文彬,杜建华,宋卫东,等. 超细全尾砂材料胶凝成岩机理试验[J]. 岩土力学,2013,34(8):2295-2302.

[45] 韩斌,吴爱祥,王贻明,等. 低强度粗骨料超细全尾砂自流胶结充填配合比优化及应用[J]. 中南大学学报(自然科学版),2012,43(6):2357-2362.

[46] 付建新,杜翠凤,宋卫东. 全尾砂胶结充填体的强度敏感性及破坏机制[J]. 北京科技大学学报,2014,36(9):1149-1157.

[47] 刘志祥,李夕兵,戴塔根,等. 尾砂胶结充填体损伤模型及与岩体的匹配分析[J]. 岩土力学,2006,27(9):1442-1446.

[48] LIU Z X,LAN M,XIAO S Y,et al. Damage failure of cemented backfill and its reasonable match with rock mass[J]. Transactions of nonferrous metals society of China,2015,25(3):954-959.

[49] YILMAZ E,BELEM T,BUSSIÈRE B,et al. Curing time effect on consolidation behaviour of cemented paste backfill containing different cement types and contents[J]. Construction and building materials,2015,75:99-111.

[50] PEYRONNARD O,BENZAAZOUA M. Estimation of the cementitious properties of various industrial by-products for applications requiring low mechanical strength[J]. Resources,conservation and recycling,2011,56(1):22-33.

[51] PEYRONNARD O,BENZAAZOUA M. Alternative by-product based binders for cemented mine backfill:recipes optimisation using Taguchi method [J]. Minerals engineering,2012,29:28-38.

[52] TARIQ A,YANFUL E K. A review of binders used in cemented paste tailings for underground and surface disposal practices[J]. Journal of environmental management,2013,131:138-149.

[53] LI X B,DU J,GAO L,et al. Immobilization of phosphogypsum for cemented paste backfill and its environmental effect[J]. Journal of cleaner production,2017,156:137-146.

[54] 李茂辉,杨志强,王有团,等. 粉煤灰复合胶凝材料充填体强度与水化机理研究[J]. 中国矿业大学学报,2015,44(4):650-655.

[55] CIHANGIR F,ERCIKDI B,KESIMAL A,et al. Utilisation of alkali-acti-

vated blast furnace slag in paste backfill of high-sulphide mill tailings：effect of binder type and dosage[J]. Minerals engineering, 2012, 30：33-43.

[56] 贺桂成, 刘永, 丁德馨, 等. 废石胶结充填体强度特性及其应用研究[J]. 采矿与安全工程学报, 2013, 30(1)：74-79.

[57] LI G Y, ZHAO X H. Properties of concrete incorporating fly ash and ground granulated blast-furnace slag [J]. Cement and concrete composites, 2003, 25(3)：293-299.

[58] ERCIKDI B, CIHANGIR F, KESIMAL A, et al. Utilization of industrial waste products as pozzolanic material in cemented paste backfill of high sulphide mill tailings[J]. Journal of hazardous materials, 2009, 168(2/3)：848-856.

[59] WU A X, WANG Y, WANG H J, et al. Coupled effects of cement type and water quality on the properties of cemented paste backfill[J]. International journal of mineral processing, 2015, 143：65-71.

[60] NASIR O, FALL M. Modeling the heat development in hydrating CPB structures[J]. Computers and geotechnics, 2009, 36(7)：1207-1218.

[61] WU D, FALL M, CAI S J. Coupled modeling of temperature distribution and evolution in cemented tailings backfill structures that contain mineral admixtures[J]. Geotechnical and geological engineering, 2012, 30(4)：935-961.

[62] WU D, ZHANG Y L, WANG C. Modeling the thermal response of hydrating cemented gangue backfill with admixture of fly ash[J]. Thermochimica acta, 2016, 623：86-94.

[63] KESIMAL A, YILMAZ E, ERCIKDI B. Evaluation of paste backfill mixtures consisting of sulphide-rich mill tailings and varying cement contents [J]. Cement and concrete research, 2004, 34(10)：1817-1822.

[64] OUELLET S, BUSSIÈRE B, AUBERTIN M, et al. Microstructural evolution of cemented paste backfill：mercury intrusion porosimetry test results [J]. Cement and concrete research, 2007, 37(12)：1654-1665.

[65] OREJARENA L, FALL M. The use of artificial neural networks to predict the effect of sulphate attack on the strength of cemented paste backfill[J]. Bulletin of engineering geology and the environment, 2010, 69(4)：659-670.

[66] ERCIKDI B,BAKI H,İZKI M. Effect of desliming of sulphide-rich mill tailings on the long-term strength of cemented paste backfill[J]. Journal of environmental management,2013,115:5-13.

[67] LI W C,FALL M. Sulphate effect on the early age strength and self-desiccation of cemented paste backfill[J]. Construction and building materials,2016,106:296-304.

[68] FALL M,BENZAAZOUA M. Modeling the effect of sulphate on strength development of paste backfill and binder mixture optimization[J]. Cement and concrete research,2005,35(2):301-314.

[69] KESIMAL A,YILMAZ E,ERCIKDI B,et al. Effect of properties of tailings and binder on the short-and long-term strength and stability of cemented paste backfill[J]. Materials letters,2005,59(28):3703-3709.

[70] FALL M,BELEM T,SAMB S,et al. Experimental characterization of the stress-strain behaviour of cemented paste backfill in compression[J]. Journal of materials science,2007,42(11):3914-3922.

[71] BENZAAZOUA M,BELEM T,BUSSIÈRE B. Chemical factors that influence the performance of mine sulphidic paste backfill[J]. Cement and concrete research,2002,32(7):1133-1144.

[72] KE X,HOU H B,ZHOU M,et al. Effect of particle gradation on properties of fresh and hardened cemented paste backfill[J]. Construction and building materials,2015,96:378-382.

[73] FALL M,BENZAAZOUA M,OUELLET S. Experimental characterization of the influence of tailings fineness and density on the quality of cemented paste backfill[J]. Minerals engineering,2005,18(1):41-44.

[74] 杨啸,杨志强,高谦,等. 混合充填骨料胶结充填强度试验与最优配比决策研究[J]. 岩土力学,2016,37(增刊2):635-641.

[75] ZHANG C Z,WANG A Q,TANG M S,et al. Influence of aggregate size and aggregate size grading on ASR expansion[J]. Cement and concrete research,1999,29(9):1393-1396.

[76] BÖRGESSON L,JOHANNESSON L E,GUNNARSSON D. Influence of soil structure heterogeneities on the behaviour of backfill materials based on mixtures of bentonite and crushed rock[J]. Applied clay science,2003,23(1/2/3/4):121-131.

［77］ GAUTAM B P,PANESAR D K,SHEIKH S A,et al. Effect of coarse aggregate grading on the ASR expansion and damage of concrete[J]. Cement and concrete research,2017,95:75-83.

［78］ KESIMAL A,ERCIKDI B,YILMAZ E. The effect of desliming by sedimentation on paste backfill performance[J]. Minerals engineering,2003,16(10):1009-1011.

［79］ SARI D,PASAMEHMETOGLU A G. The effects of gradation and admixture on the pumice lightweight aggregate concrete[J]. Cement and concrete research,2005,35(5):936-942.

［80］ BOSILJKOV V B. SCC mixes with poorly graded aggregate and high volume of limestone filler[J]. Cement and concrete research,2003,33(9):1279-1286.

［81］ 王新民,薛希龙,张钦礼,等. 碎石和磷石膏联合胶结充填最佳配比及应用[J]. 中南大学学报(自然科学版),2015,46(10):3767-3773.

［82］ 吴疆宇,冯梅梅,郁邦永,等. 连续级配废石胶结充填体强度及变形特性试验研究[J]. 岩土力学,2017,38(1):101-108.

［83］ LAMONTAGNE A,PIGEON M. The influence of polypropylene fibers and aggregate grading on the properties of dry-mix shotcrete[J]. Cement and concrete research,1995,25(2):293-298.

［84］ ZHANG T S,YU Q J,WEI J X,et al. A new gap-graded particle size distribution and resulting consequences on properties of blended cement[J]. Cement and concrete composites,2011,33(5):543-550.

［85］ ZHANG T S,YU Q J,WEI J X,et al. Micro-structural development of gap-graded blended cement pastes containing a high amount of supplementary cementitious materials[J]. Cement and concrete composites,2012,34(9):1024-1032.

［86］ KE X,ZHOU X,WANG X S,et al. Effect of tailings fineness on the pore structure development of cemented paste backfill[J]. Construction and building materials,2016,126:345-350.

［87］ ALEXANDER K M,WARDLAW J. Dependence of cement-aggregate bond-strength on size of aggregate[J]. Nature,1960,187:230-231.

［88］ WU J Y,FENG M M,CHEN Z Q,et al. Particle size distribution effects on the strength characteristic of cemented paste backfill[J]. Minerals,2018,8(8):322.

[89] FENG M M, WU J Y, MA D, et al. Experimental investigation on the seepage property of saturated broken red sandstone of continuous gradation[J]. Bulletin of engineering geology and the environment, 2018, 77 (3): 1167-1178.

[90] 冯梅梅, 吴疆宇, 陈占清, 等. 连续级配饱和破碎岩石压实特性试验研究 [J]. 煤炭学报, 2016, 41(9): 2195-2202.

[91] KOOHESTANI B, BELEM T, KOUBAA A, et al. Experimental investigation into the compressive strength development of cemented paste backfill containing nano-silica[J]. Cement and concrete composites, 2016, 72: 180-189.

[92] 吴文. 添加絮凝药剂的尾矿砂浆充填材料的单轴抗压强度试验研究[J]. 岩土力学, 2010, 31(11): 3367-3372.

[93] 杨云鹏, 高谦. 尾砂新型复合胶结材料实验研究[J]. 岩石力学与工程学报, 2012, 31(增刊1): 2906-2911.

[94] CIHANGIR F, ERCIKDI B, KESIMAL A, et al. Paste backfill of high-sulphide mill tailings using alkali-activated blast furnace slag: effect of activator nature, concentration and slag properties[J]. Minerals engineering, 2015, 83: 117-127.

[95] ERCIKDI B, KÜLEKCI G, YILMAZ T. Utilization of granulated marble wastes and waste bricks as mineral admixture in cemented paste backfill of sulphide-rich tailings[J]. Construction and building materials, 2015, 93: 573-583.

[96] ERCIKDI B, CIHANGIR F, KESIMAL A, et al. Utilization of water-reducing admixtures in cemented paste backfill of sulphide-rich mill tailings [J]. Journal of hazardous materials, 2010, 179(1/2/3): 940-946.

[97] JENSEN O M, HANSEN P F. Water-entrained cement-based materials: I. principles and theoretical background[J]. Cement and concrete research, 2001, 31(4): 647-654.

[98] JENSEN O M, HANSEN P F. Water-entrained cement-based materials: II. experimental observations[J]. Cement and concrete research, 2002, 32 (6): 973-978.

[99] SHEN D J, WANG X D, CHENG D B, et al. Effect of internal curing with super absorbent polymers on autogenous shrinkage of concrete at early age[J]. Construction and building materials, 2016, 106: 512-522.

[100] LEE H X D,WONG H S,BUENFELD N R. Potential of superabsorbent polymer for self-sealing cracks in concrete[J]. Advances in applied ceramics,2010,109(5):296-302.

[101] CRAEYE B,GEIRNAERT M,SCHUTTER G D. Super absorbing polymers as an internal curing agent for mitigation of early-age cracking of high-performance concrete bridge decks[J]. Construction and building materials,2011,25(1):1-13.

[102] FARKISH A,FALL M. Rapid dewatering of oil sand mature fine tailings using super absorbent polymer(SAP)[J]. Minerals engineering,2013, 50/51:38-47.

[103] POURJAVADI A,FAKOORPOOR S M,HOSSEINI P,et al. Interactions between superabsorbent polymers and cement-based composites incorporating colloidal silica nanoparticles[J]. Cement and concrete composites,2013,37:196-204.

[104] BELEM T,BENZAAZOUA M. Design and application of underground mine paste backfill technology[J]. Geotechnical and geological engineering,2008,26(2):175.

[105] BUI D D,HU J,STROEVEN P. Particle size effect on the strength of rice husk ash blended gap-graded Portland cement concrete[J]. Cement and concrete composites,2005,27(3):357-366.

[106] GOVIN A,PESCHARD A,GUYONNET R. Modification of cement hydration at early ages by natural and heated wood[J]. Cement and concrete composites, 2006,28(1):12-20.

[107] HEIN P R G,SÁ V A D,LINA B,et al. Calibrations based on near infrared spectroscopic data to estimate wood-cement panel properties[J]. Bioresources,2009,4(4):1620-1634.

[108] TONOLI G H D,FILHO U P R,SAVASTANO H,et al. Cellulose modified fibres in cement based composites[J]. Composites part A:applied science and manufacturing,2009,40(12):2046-2053.

[109] SUDIN R,SWAMY N. Bamboo and wood fibre cement composites for sustainable infrastructure regeneration[J]. Journal of materials science, 2006,41(21):6917-6924.

[110] TAJ S,MUNAWAR M A,KHAN S U. Natural fiber-reinforced polymer composites[J]. Proceedings,2007,44:129-144.

[111] SAVASTANO H,WARDEN P G,COUTTS R S P. Brazilian waste fibres as reinforcement for cement-based composites[J]. Cement and concrete composites,2000,22(5):379-384.

[112] SEDAN D,PAGNOUX C,SMITH A,et al. Mechanical properties of hemp fibre reinforced cement:influence of the fibre/matrix interaction [J]. Journal of the European ceramicsociety,2008,28(1):183-192.

[113] SOROUSHIAN P,WON J P,HASSAN M. Durability characteristics of CO_2-cured cellulose fiber reinforced cement composites[J]. Construction and building materials,2012,34:44-53.

[114] HUANG C,COOPER P A. Cement-bonded particleboards using CCA-treated wood removed from service[J]. Forest products journal,2000,50 (6):49-56.

[115] KOOHESTANI B,KOUBAA A,BELEM T,et al. Experimental investigation of mechanical and microstructural properties of cemented paste backfill containing maple-wood filler[J]. Construction and building materials,2016,121:222-228.

[116] CONSOLI N C,FESTUGATO L,HEINECK K S. Strain-hardening behaviour of fibre-reinforced sand in view of filament geometry[J]. Geosynthetics international,2009,16(2):109-115.

[117] CONSOLI N C,ARCARI BASSANI M A,FESTUGATO L. Effect of fiber-reinforcement on the strength of cemented soils[J]. Geotextiles and geomembranes,2010,28(4):344-351.

[118] FLORES MEDINA N,BARLUENGA G,HERNÁNDEZ-OLIVARES F. Enhancement of durability of concrete composites containing natural pozzolans blended cement through the use of Polypropylene fibers[J]. Composites part B:engineering,2014,61:214-221.

[119] FESTUGATO L,FOURIE A,CONSOLI N C. Cyclic shear response of fibre-reinforced cemented paste backfill[J]. Géotechnique letters,2013,3 (1):5-12.

[120] WANG A Q,ZHANG C Z,ZHANG N S. The theoretic analysis of the influence of the particle size distribution of cement system on the property of cement[J]. Cement and concrete research,1999,29(11):1721-1726.

[121] 徐文彬,潘卫东,丁明龙.胶结充填体内部微观结构演化及其长期强度模型试验[J].中南大学学报(自然科学版),2015,46(6):2333-2341.

[122] OUELLET S,BUSSIÈRE B,AUBERTIN M,et al. Characterization of cemented paste backfill pore structure using SEM and IA analysis[J]. Bulletin of engineering geology and the environment, 2008, 67 (2): 139-152.

[123] SUN W,WU A X,HOU K P,et al. Real-time observation of meso-fracture process in backfill body during mine subsidence using X-ray CT under uniaxial compressive conditions[J]. Construction and building materials,2016,113:153-162.

[124] SUN W,HOU K P,YANG Z Q,et al. X-ray CT three-dimensional reconstruction and discrete element analysis of the cement paste backfill pore structure under uniaxial compression[J]. Construction and building materials,2017,138:69-78.

[125] ZHENG J R,ZHU Y L,ZHAO Z B. Utilization of limestone powder and water-reducing admixture in cemented paste backfill of coarse copper mine tailings[J]. Construction and building materials,2016,124:31-36.

[126] YILMAZ E,BELEM T,BUSSIÈRE B,et al. Relationships between microstructural properties and compressive strength of consolidated and unconsolidated cemented paste backfills[J]. Cement and concrete composites,2011,33(6):702-715.

[127] FRIDJONSSON E O,HASAN A,FOURIE A B,et al. Pore structure in a gold mine cemented paste backfill[J]. Minerals engineering,2013,53: 144-151.

[128] BARNETT S J,SOUTSOS M N,MILLARD S G,et al. Strength development of mortars containing ground granulated blast-furnace slag:effect of curing temperature and determination of apparent activation energies[J]. Cement and concrete research,2006,36(3):434-440.

[129] FALL M,CÉLESTIN J C,POKHAREL M,et al. A contribution to understanding the effects of curing temperature on the mechanical properties of mine cemented tailings backfill[J]. Engineering geology,2010, 114(3/4):397-413.

[130] GHIRIAN A,FALL M. Strength evolution and deformation behaviour of cemented paste backfill at early ages:effect of curing stress, filling strategy and drainage[J]. International journal of mining science and technology,2016, 26(5):809-817.

[131] WU D,FALL M,CAI S J. Coupling temperature,cement hydration and rheological behaviour of fresh cemented paste backfill[J]. Minerals engineering,2013,42:76-87.

[132] WANG Y,FALL M,WU A X. Initial temperature-dependence of strength development and self-desiccation in cemented paste backfill that contains sodium silicate[J]. Cement and concrete composites,2016,67:101-110.

[133] CUI L,FALL M. Mechanical and thermal properties of cemented tailings materials at early ages:influence of initial temperature,curing stress and drainage conditions[J]. Construction and building materials,2016,125:553-563.

[134] KJELLSEN K O,DETWILER R J,GJORV O E. Development of microstructures in plain cement pastes hydrated at different temperatures[J]. Cement and concrete research,1991,21(1):179-189.

[135] ESCALANTE-GARCÍA J I,SHARP J H. The microstructure and mechanical properties of blended cements hydrated at various temperatures [J]. Cement and concrete research,2001,31(5):695-702.

[136] BROOKS J J,AL-KAISI A F. Early strength development of Portland and slag cement concretes cured at elevated temperatures[J]. ACI materials journal,1990,87(5):503-507.

[137] POKHAREL M,FALL M. Combined influence of sulphate and temperature on the saturated hydraulic conductivity of hardened cemented paste backfill[J]. Cement and concrete composites,2013,38:21-28.

[138] FALL M,SAMB S S. Effect of high temperature on strength and microstructural properties of cemented paste backfill[J]. Fire safety journal,2009,44(4):642-651.

[139] JIANG H Q,FALL M,LIANG C. Yield stress of cemented paste backfill in sub-zero environments:experimental results[J]. Minerals engineering,2016,92:141-150.

[140] JIANG H Q,FALL M,CUI L. Freezing behaviour of cemented paste backfill material in column experiments[J]. Construction and building materials,2017,147:837-846.

[141] 刘超,韩斌,孙伟,等. 高寒地区废石破碎胶结充填体强度特性试验研究与工业应用[J]. 岩石力学与工程学报,2015,34(1):139-147.

[142] HIVON E G,SEGO D C. Distribution of saline permafrost in the North-

west Territories,Canada[J]. Canadian geotechnical journal,1993,30(3):
506-514.

[143] ZHOU X S,LIN X,HUO M J,et al. The hydration of saline oil-well ce-
ment[J]. Cement and concrete research,1996,26(12):1753-1759.

[144] SUGIYAMA D. Chemical alteration of calcium silicate hydrate(C-S-H)
in sodium chloride solution[J]. Cement and concrete research,2008,38
(11):1270-1275.

[145] SUZUKI K,NISHIKAWA T,IKENAGA H,et al. Effect of NaCl or
NaOH on the formation of C-S-H[J]. Cement and concrete research,
1986,16(3):333-340.

[146] LAMBERT P,PAGE C L,SHORT N R. Pore solution chemistry of the
hydrated system tricalcium silicate/sodium chloride/water[J]. Cement
and concrete research,1985,15(4):675-680.

[147] KOMLJENOVIĆ M M,BAŠČAREVĆ Z,MARJANOVIĆ N,et al. De-
calcification resistance of alkali-activated slag[J]. Journal of hazardous
materials,2012,233/234:112-121.

[148] JIANG H Q,FALL M. Yield stress and strength of saline cemented tail-
ings in sub-zero environments:Portland cement paste backfill[J]. Inter-
national journal of mineral processing,2017,160:68-75.

[149] YILMAZ E,BELEM T,BUSSIÈRE B,et al. Curing time effect on con-
solidation behaviour of cemented paste backfill containing different ce-
ment types and contents[J]. Construction and building materials,2015,
75:99-111.

[150] 曹帅,宋卫东,薛改利,等.考虑分层特性的尾砂胶结充填体强度折减试验
研究[J].岩土力学,2015,36(10):2869-2876.

[151] 曹帅,宋卫东,薛改利,等.分层尾砂胶结充填体力学特性变化规律及破坏
模式[J].中国矿业大学学报,2016,45(4):717-722.

[152] FALL M,POKHAREL M. Coupled effects of sulphate and temperature
on the strength development of cemented tailings backfills:Portland ce-
ment-paste backfill[J]. Cement and concrete composites,2010,32(10):
819-828.

[153] POKHAREL M,FALL M. Coupled thermochemical effects on the strength
development of slag-paste backfill materials[J]. Journal of materials in civil

engineering,2011,23(5):511-525.

[154] NASIR O,FALL M. Coupling binder hydration,temperature and compressive strength development of underground cemented paste backfill at early ages[J]. Tunnelling and underground space technology,2010,25 (1):9-20.

[155] ABDUL-HUSSAIN N,FALL M. Thermo-hydro-mechanical behaviour of sodium silicate-cemented paste tailings in column experiments[J]. Tunnelling and underground space technology,2012,29:85-93.

[156] GHIRIAN A,FALL M. Coupled thermo-hydro-mechanical-chemical behaviour of cemented paste backfill in column experiments:Part Ⅰ:physical,hydraulic and thermal processes and characteristics[J]. Engineering geology,2013,164:195-207.

[157] GHIRIAN A,FALL M. Coupled thermo-hydro-mechanical-chemical behaviour of cemented paste backfill in column experiments:Part Ⅱ:mechanical,chemical and microstructural processes and characteristics[J]. Engineering geology,2014,170:11-23.

[158] FAHEY M,HELINSKI M,FOURIE A. Development of specimen curing procedures that account for the influence of effective stress during curing on the strength of cemented mine backfill[J]. Geotechnical and geological engineering,2011,29(5):709-723.

[159] YILMAZ E,BENZAAZOUA M,BELEM T,et al. Effect of curing under pressure on compressive strength development of cemented paste backfill[J]. Minerals engineering,2009,22(9/10):772-785.

[160] 徐文彬,宋卫东,王东旭,等.胶结充填体三轴压缩变形破坏及能量耗散特征分析[J].岩土力学,2014,35(12):3421-3429.

[161] 杨伟,张钦礼,杨珊,等.动载下高浓度全尾砂胶结充填体的力学特性[J].中南大学学报(自然科学版),2017,48(1):156-161.

[162] HUANG S,XIA K W,QIAO L. Dynamic tests of cemented paste backfill:effects of strain rate,curing time,and cement content on compressive strength[J]. Journal of materials science,2011,46(15):5165-5170.

[163] 邓代强,高永涛,吴顺川,等.复杂应力下充填体破坏能耗试验研究[J].岩土力学,2010,31(3):737-742.

[164] WU D,SUN G H,LIU Y C. Modeling the thermo-hydro-chemical behavior of cemented coal gangue-fly ash backfill[J]. Construction and building materials,

2016,111:522-528.

[165] GHIRIAN A,FALL M. Coupled behavior of cemented paste backfill at early ages[J]. Geotechnical and geological engineering,2015,33(5): 1141-1166.

[166] CUI L,FALL M. A coupled thermo-hydro-mechanical-chemical model for underground cemented tailings backfill[J]. Tunnelling and underground space technology,2015,50:396-414.

[167] CUI L,FALL M. Multiphysics model for consolidation behavior of cemented paste backfill[J]. International journal of geomechanics,2017,17 (3):04016077.

[168] CUI L,FALL M. Multiphysics modeling of arching effects in fill mass [J]. Computers and geotechnics,2017,83:114-131.

[169] LU G D,FALL M,CUI L. A multiphysics-viscoplastic cap model for simulating blast response of cemented tailings backfill[J]. Journal of rock mechanics and geotechnical engineering,2017,9(3):551-564.

[170] LU G D,FALL M. Modelling blast wave propagation in a subsurface geotechnical structure made of an evolutive porous material[J]. Mechanics of materials,2017,108:21-39.

[171] 龚囱,李长洪,赵奎.加卸荷条件下胶结充填体声发射 b 值特征研究[J]. 采矿与安全工程学报,2014,31(5):788-794.

[172] 尹贤刚,李庶林,唐海燕,等.岩石破坏声发射平静期及其分形特征研究 [J].岩石力学与工程学报,2009,28(增刊2):3383-3390.

[173] 李庶林,唐海燕.不同加载条件下岩石材料破裂过程的声发射特性研究 [J].岩土工程学报,2010,32(1):147-152.

[174] 李术才,许新骥,刘征宇,等.单轴压缩条件下砂岩破坏全过程电阻率与声 发射响应特征及损伤演化[J].岩石力学与工程学报,2014,33(1):14-23.

[175] 赵兴东,李元辉,袁瑞甫,等.基于声发射定位的岩石裂纹动态演化过程研 究[J].岩石力学与工程学报,2007,26(5):944-950.

[176] 纪洪广,卢翔.常规三轴压缩下花岗岩声发射特征及其主破裂前兆信息研 究[J].岩石力学与工程学报,2015,34(4):694-702.

[177] 苗金丽,何满潮,李德建,等.花岗岩应变岩爆声发射特征及微观断裂机制 [J].岩石力学与工程学报,2009,28(8):1593-1603.

[178] 杨永杰,王德超,郭明福,等.基于三轴压缩声发射试验的岩石损伤特征研 究[J].岩石力学与工程学报,2014,33(1):98-104.

[179] ZHOU H J,LIU Y Q,LU Y Y,et al. In-situ crack propagation monitoring in mortar embedded with cement-based piezoelectric ceramic sensors [J]. Construction and building materials,2016,126:361-368.

[180] 纪洪广,王基才,单晓云,等.混凝土材料声发射过程分形特征及其在断裂分析中的应用[J].岩石力学与工程学报,2001,20(6):801-804.

[181] SAGAR R V,PRASAD B K R,KUMAR S S. An experimental study on cracking evolution in concrete and cement mortar by the b-value analysis of acoustic emission technique[J]. Cement and concrete research,2012, 42(8):1094-1104.

[182] AGGELIS D G,MPALASKAS A C,MATIKAS T E. Investigation of different fracture modes in cement-based materials by acoustic emission [J]. Cement and concrete research,2013,48:1-8.

[183] MPALASKAS A C,THANASIA O V,MATIKAS T E,et al. Mechanical and fracture behavior of cement-based materials characterized by combined elastic wave approaches[J]. Construction and building materials,2014,50:649-656.

[184] TRAGAZIKIS I K,DASSIOS K G,EXARCHOS D A,et al. Acoustic emission investigation of the mechanical performance of carbon nanotube-modified cement-based mortars[J]. Construction and building materials,2016,122:518-524.

[185] BARKOULA N M,IOANNOU C,AGGELIS D G,et al. Optimization of nano-silica's addition in cement mortars and assessment of the failure process using acoustic emission monitoring[J]. Construction and building materials,2016,125:546-552.

[186] BLOM J,KADI M E,WASTIELS J,et al. Bending fracture of textile reinforced cement laminates monitored by acoustic emission:influence of aspect ratio[J]. Construction and building materials,2014,70:370-378.

[187] AGGELIS D G,KADI M E,TYSMANS T,et al. Effect of propagation distance on acoustic emission fracture mode classification in textile reinforced cement [J]. Construction and building materials, 2017, 152: 872-879.

[188] PAUL S C,PIRSKAWETZ S,VAN ZIJL G P A G,et al. Acoustic emission for characterising the crack propagation in strain-hardening cement-based composites(SHCC)[J]. Cement and concrete research,2015,69:

19-24.

[189] 李兴尚,许家林,朱卫兵,等.垮落矸石注浆充填体压实特性的颗粒流模拟
[J].煤炭学报,2008,33(4):373-377.

[190] 庄德林,李兴尚,许家林.垮落区注浆充填压实特性的 PFC^{2D}模拟试验
[J].采矿与安全工程学报,2008,25(1):22-26.

[191] LIU Q S,LIU D F,TIAN Y C,et al. Numerical simulation of stress-
strain behaviour of cemented paste backfill in triaxial compression[J].
Engineering geology,2017,231:165-175.

[192] XU W B,CAO P W. Fracture behaviour of cemented tailing backfill with
pre-existing crack and thermal treatment under three-point bending
loading:experimental studies and particle flow code simulation[J]. Engi-
neering fracture mechanics,2018,195:129-141.

[193] ZHANG X P,WONG L N Y. Cracking processes in rock-like material
containing a single flaw under uniaxial compression:a numerical study
based on parallel bonded-particle model approach[J]. Rock mechanics
and rock engineering,2012,45(5):711-737.

[194] ZHANG X P,WONG L N Y. Crack initiation,propagation and coales-
cence in rock-like material containing two flaws:a numerical study based
on bonded-particle model approach[J]. Rock mechanics and rock engi-
neering,2013,46(5):1001-1021.

[195] ZHANG X P,WONG L N Y. Loading rate effects on cracking behavior
of flaw-contained specimens under uniaxial compression [J]. International
journal of fracture,2013,180(1):93-110.

[196] WONG L N Y,ZHANG X P. Size effects on cracking behavior of flaw-
containing specimens under compressive loading[J]. Rock mechanics and
rock engineering,2014,47(5):1921-1930.

[197] YANG S Q,HUANG Y H,JING H W,et al. Discrete element modeling
on fracture coalescence behavior of red sandstone containing two unparallel
fissures under uniaxial compression[J]. Engineering geology,2014,178:
28-48.

[198] YANG S Q,HUANG Y H,RANJITH P G,et al. Discrete element modeling
on the crack evolution behavior of brittle sandstone containing three fissures
under uniaxial compression[J]. Acta mechanica sinica,2015,31(6):871-889.

[199] 黄彦华,杨圣奇.非共面双裂隙红砂岩宏细观力学行为颗粒流模拟[J].岩

石力学与工程学报,2014,33(8):1644-1653.

[200] CAO R H,CAO P,LIN H,et al. Mechanical behavior of brittle rock-like specimens with pre-existing fissures under uniaxial loading:experimental studies and particle mechanics approach[J]. Rock mechanics and rock engineering,2016,49(3):763-783.

[201] CAO R H,CAO P,FAN X,et al. An experimental and numerical study on mechanical behavior of ubiquitous-joint brittle rock-like specimens under uniaxial compression[J]. Rock mechanics and rock engineering, 2016,49(11):4319-4338.

[202] HUANG Y H,YANG S Q,RANJITH P G,et al. Strength failure behavior and crack evolution mechanism of granite containing pre-existing non-coplanar holes:experimental study and particle flow modeling[J]. Computers and geotechnics,2017,88:182-198.

[203] 杨圣奇,黄彦华. 双孔洞裂隙砂岩裂纹扩展特征试验与颗粒流模拟[J]. 应用基础与工程科学学报,2014,22(3):584-597.

[204] 黄彦华,杨圣奇. 孔槽式圆盘破坏特性与裂纹扩展机制颗粒流分析[J]. 岩土力学,2014,35(8):2269-2277.

[205] LIU T,LIN B Q,YANG W,et al. Cracking process and stress field evolution in specimen containing combined flaw under uniaxial compression [J]. Rock mechanics and rock engineering,2016,49(8):3095-3113.

[206] ZHOU S,ZHU H H,YAN Z G,et al. A micromechanical study of the breakage mechanism of microcapsules in concrete using PFC^{2D}[J]. Construction and building materials,2016,115:452-463.

[207] YANG X X,KULATILAKE P H S W,JING H W,et al. Numerical simulation of a jointed rock block mechanical behavior adjacent to an underground excavation and comparison with physical model test results [J]. Tunnelling and underground space technology,2015,50:129-142.

[208] YANG X X,KULATILAKE P H S W,CHEN X,et al. Particle flow modeling of rock blocks with nonpersistent open joints under uniaxial compression [J]. International journal of geomechanics, 2016, 16 (6):04016020.

[209] FAN X,KULATILAKE P H S W,CHEN X. Mechanical behavior of rock-like jointed blocks with multi-non-persistent joints under uniaxial loading:a particle mechanics approach[J]. Engineering geology,2015,

190:17-32.

[210] PARK J W,SONG J J. Numerical simulation of a direct shear test on a rock joint using a bonded-particle model[J]. International journal of rock mechanics and mining sciences,2009,46(8):1315-1328.

[211] BAHAADDINI M,SHARROCK G,HEBBLEWHITE B K. Numerical investigation of the effect of joint geometrical parameters on the mechanical properties of a non-persistent jointed rock mass under uniaxial compression [J]. Computers and geotechnics,2013,49:206-225.

[212] BAHAADDINI M,HAGAN P,MITRA R,et al. Numerical study of the mechanical behavior of nonpersistent jointed rock masses[J]. International journal of geomechanics,2016,16(1):04015035.

[213] HUANG Y H,YANG S Q,ZHAO J. Three-dimensional numerical simulation on triaxial failure mechanical behavior of rock-like specimen containing two unparallel fissures[J]. Rock mechanics and rock engineering,2016,49(12):4711-4729.

[214] ERCIKDI B,YıLMAZ T,KÜLEKCI G. Strength and ultrasonic properties of cemented paste backfill[J]. Ultrasonics,2014,54(1):195-204.

[215] HUANG L J,WANG H Y,WEI C T. Engineering properties of controlled low strength desulfurization slags (CLSDS)[J]. Construction and building materials,2016,115:6-12.

[216] YILMAZ T,ERCIKDI B,KARAMAN K,et al. Assessment of strength properties of cemented paste backfill by ultrasonic pulse velocity test [J]. Ultrasonics,2014,54(5):1386-1394.

[217] CAO S,SONG W D. Effect of filling interval time on the mechanical strength and ultrasonic properties of cemented coarse tailing backfill[J]. International journal of mineral processing,2017,166:62-68.

[218] WU D,ZHANG Y L,LIU Y C. Mechanical performance and ultrasonic properties of cemented gangue backfill with admixture of fly ash[J]. Ultrasonics,2016,64:89-96.

[219] DEMIRBOĞA R,TÜRKMEN İ,KARAKOÇ M B. Relationship between ultrasonic velocity and compressive strength for high-volume mineral-admixtured concrete[J]. Cement and concrete research,2004,34(12):2329-2336.

[220] KOMLOŠ K, POPOVICS S, NÜRNBERGEROVÁ T, et al. Ultrasonic pulse velocity test of concrete properties as specified in various standards [J]. Cement and concrete composites,1996,18(5):357-364.

[221] YASAR E,ERDOGAN Y. Correlating sound velocity with the density, compressive strength and Young's modulus of carbonate rocks[J]. International journal of rock mechanics and mining sciences,2004,41(5):871-875.

[222] OHDAIRA E, MASUZAWA N. Water content and its effect on ultrasound propagation in concrete:the possibility of NDE[J]. Ultrasonics, 2000,38(1-8):546-552.

[223] LAFHAJ Z,GOUEYGOU M,DJERBI A,et al. Correlation between porosity, permeability and ultrasonic parameters of mortar with variable water / cement ratio and water content[J]. Cement and concrete research,2006,36(4):625-633.

[224] KRAUß M,HARIRI K. Determination of initial degree of hydration for improvement of early-age properties of concrete using ultrasonic wave propagation[J]. Cement and concrete composites,2006,28(4):299-306.

[225] VOIGT T,MALONN T,SHAH S P. Green and early age compressive strength of extruded cement mortar monitored with compression tests and ultrasonic techniques[J]. Cement and concrete research,2006,36 (5):858-867.

[226] SHAH A A,RIBAKOV Y, HIROSE S. Nondestructive evaluation of damaged concrete using nonlinear ultrasonics[J]. Materials & design, 2009,30(3):775-782.

[227] 孙春东,张东升,王旭锋,等.大尺寸高水材料巷旁充填体蠕变特性试验研究[J].采矿与安全工程学报,2012,29(4):487-491.

[228] 赵奎,何文,熊良宵,等.尾砂胶结充填体蠕变模型及在FLAC^{3D}二次开发中的实验研究[J].岩土力学,2012,33(增刊1):112-116.

[229] 孙琦,张向东,杨逾.膏体充填开采胶结体的蠕变本构模型[J].煤炭学报,2013,38(6):994-1000.

[230] 陈绍杰,刘小岩,韩野,等.充填膏体蠕变硬化特征与机制试验研究[J].岩石力学与工程学报,2016,35(3):570-578.

[231] 刘娟红,周茜,赵向辉.富水充填材料蠕变及其硬化体内水分损失特征[J].工程科学学报,2016,38(5):602-608.

[232] 孙钧.岩石流变力学及其工程应用研究的若干进展[J].岩石力学与工程学报,2007,26(6):1081-1106.

[233] 于怀昌,李亚丽,刘汉东.粉砂质泥岩常规力学、蠕变以及应力松弛特性的对比研究[J].岩石力学与工程学报,2012,31(1):60-70.

[234] WANG G J,ZHANG L,ZHANG Y W,et al. Experimental investigations of the creep-damage-rupture behaviour of rock salt[J]. International journal of rock mechanics and mining sciences,2014,66:181-187.

[235] 黄达,杨超,黄润秋,等.分级卸荷量对大理岩三轴卸荷蠕变特性影响规律试验研究[J].岩石力学与工程学报,2015,34(增刊1):2801-2807.

[236] 陈亮,刘建锋,王春萍,等.不同温度及应力状态下北山花岗岩蠕变特征研究[J].岩石力学与工程学报,2015,34(6):1228-1235.

[237] 夏才初,王晓东,许崇帮,等.用统一流变力学模型理论辨识流变模型的方法和实例[J].岩石力学与工程学报,2008,27(8):1594-1600.

[238] 夏才初,许崇帮,王晓东,等.统一流变力学模型参数的确定方法[J].岩石力学与工程学报,2009,28(2):425-432.

[239] 夏才初,金磊,郭锐.参数非线性理论流变力学模型研究进展及存在的问题[J].岩石力学与工程学报,2011,30(3):454-463.

[240] ZHOU H W,WANG C P,HAN B B,et al. A creep constitutive model for salt rock based on fractional derivatives[J]. International journal of rock mechanics and mining sciences,2011,48(1):116-121.

[241] 吴斐,谢和平,刘建锋,等.分数阶黏弹塑性蠕变模型试验研究[J].岩石力学与工程学报,2014,33(5):964-970.

[242] 余启华.岩石的流变破坏过程及有限元分析[J].水利学报,1985,16(1):65-66.

[243] 宋德彰,孙钧.岩质材料非线性流变属性及其力学模型[J].同济大学学报(自然科学版),1991,19(4):395-401.

[244] 郑榕明,陆浩亮,孙钧.软土工程中的非线性流变分析[J].岩土工程学报,1996,18(5):5-17.

[245] 邓荣贵,周德培,张倬元,等.一种新的岩石流变模型[J].岩石力学与工程学报,2001,20(6):780-784.

[246] 曹树刚,边金,李鹏.岩石蠕变本构关系及改进的西原正夫模型[J].岩石力学与工程学报,2002,21(5):632-634.

[247] 宋飞,赵法锁,卢全中.石膏角砾岩流变特性及流变模型研究[J].岩石力学与工程学报,2005,24(15):2659-2664.

[248] 张贵科,徐卫亚.适用于节理岩体的新型黏弹塑性模型研究[J].岩石力学与工程学报,2006,25(增刊1):2894-2901.

[249] 徐平,杨挺青,徐春敏,等.三峡船闸高边坡岩体时效特性及长期稳定性分析[J].岩石力学与工程学报,2002,21(2):163-168.

[250] 徐卫亚,杨圣奇,杨松林,等.绿片岩三轴流变力学特性的研究(Ⅰ):试验结果[J].岩土力学,2005,26(4):531-537.

[251] 徐卫亚,杨圣奇,谢守益,等.绿片岩三轴流变力学特性的研究(Ⅱ):模型分析[J].岩土力学,2005,26(5):693-698.

[252] 徐卫亚,杨圣奇,褚卫江.岩石非线性黏弹塑性流变模型(河海模型)及其应用[J].岩石力学与工程学报,2006,25(3):433-447.

[253] 杨圣奇.岩石流变力学特性的研究及其工程应用[D].南京:河海大学,2006.

[254] 殷德顺,任俊娟,和成亮,等.一种新的岩土流变模型元件[J].岩石力学与工程学报,2007,26(9):1899-1903.

[255] 张敏江,张丽萍,张树标,等.结构性软土非线性流变本构关系模型的研究[J].吉林大学学报(地球科学版),2004,34(2):242-246.

[256] 杨圣奇,朱运华,于世海.考虑黏聚力与内摩擦系数的岩石黏弹塑性流变模型[J].河海大学学报(自然科学版),2007,35(3):291-297.

[257] 蒋昱州,张明鸣,李良权.岩石非线性黏弹塑性蠕变模型研究及其参数识别[J].岩石力学与工程学报,2008,27(4):832-839.

[258] 杨圣奇,徐卫亚,杨松林.龙滩水电站泥板岩剪切流变力学特性研究[J].岩土力学,2007,28(5):895-902.

[259] 陈晓斌,张家生,封志鹏.红砂岩粗粒土流变工程特性试验研究[J].岩石力学与工程学报,2007,26(3):601-607.

[260] 尹光志,王登科,张东明,等.含瓦斯煤岩三维蠕变特性及蠕变模型研究[J].岩石力学与工程学报,2008,27(增刊1):2631-2636.

[261] 郭臣业,鲜学福,姜永东,等.破裂砂岩蠕变试验研究[J].岩石力学与工程学报,2010,29(5):990-995.

[262] 陈浩,杨春和,任伟中.蠕动滑坡变形机制的理论分析与模型试验研究[J].岩石力学与工程学报,2008,27(增刊2):3705-3711.

[263] 李良权,徐卫亚,王伟.基于西原模型的非线性黏弹塑性流变模型[J].力学学报,2009,41(5):671-680.

[264] 宋勇军,雷胜友,韩铁林.一种新的岩石非线性黏弹塑性流变模型[J].岩土力学,2012,33(7):2076-2080.

[265] 齐亚静,姜清辉,王志俭,等.改进西原模型的三维蠕变本构方程及其参数辨识[J].岩石力学与工程学报,2012,31(2):347-355.

[266] 李亚丽,于怀昌,刘汉东.三轴压缩下粉砂质泥岩蠕变本构模型研究[J].岩土力学,2012,33(7):2035-2040.

[267] 蒋海飞,刘东燕,赵宝云,等.高围压高水压条件下岩石非线性蠕变本构模型[J].采矿与安全工程学报,2014,31(2):284-291.

[268] 王新刚,胡斌,连宝琴,等.改进的非线性黏弹塑性流变模型及花岗岩剪切流变模型参数辨识[J].岩土工程学报,2014,36(5):916-921.

[269] 刘东燕,谢林杰,庹晓峰,等.不同围压作用下砂岩蠕变特性及非线性黏弹塑性模型研究[J].岩石力学与工程学报,2017,36(增刊2):3705-3712.

[270] WU J Y,FENG M M,NI X Y,et al. Aggregate gradation effects on dilatancy behavior and acoustic characteristic of cemented rockfill[J]. Ultrasonics,2019,92:79-92.

[271] MERAH A,KROBBA B. Effect of the carbonatation and the type of cement(CEM Ⅰ,CEM Ⅱ) on the ductility and the compressive strength of concrete[J]. Construction and building materials,2017,148:874-886.

[272] KOUPOULI N J F,BELEM T,RIVARD P,et al. Direct shear tests on cemented paste backfill-rock wall and cemented paste backfill-backfill interfaces[J]. Journal of rock mechanics and geotechnical engineering,2016,8(4):472-479.

[273] BHARATKUMAR B H,NARAYANAN R,RAGHUPRASAD B K,et al. Mix proportioning of high performance concrete[J]. Cement and concrete composites,2001,23(1):71-80.

[274] AMARATUNGA L M,YASCHYSHYN D N. Development of a high modulus paste fill using fine gold mill tailings[J]. Geotechnical & geological engineering,1997,15(3):205-219.

[275] FALL M,BENZAAZOUA M,SAA E G. Mix proportioning of underground cemented tailings backfill[J]. Tunnelling and underground space technology,2008,23(1):80-90.

[276] WU J Y,FENG M M,MAO X B,et al. Particle size distribution of aggregate effects on mechanical and structural properties of cemented rockfill:experiments and modeling[J]. Construction and building materials,2018,193:295-311.

[277] DARLINGTON W J,RANJITH P G,CHOI S K. The effect of specimen

size on strength and other properties in laboratory testing of rock and rock-like cementitious brittle materials[J]. Rock mechanics and rock engineering,2011,44(5):513-529.

[278] YILMAZ E,BELEM T,BENZAAZOUA M. Specimen size effect on strength behavior of cemented paste backfills subjected to different placement conditions[J]. Engineering geology,2015,185:52-62.

[279] American Society of Testing Materials. Standard practice for making and curing concrete test specimens in the laboratory:C192/C192M-13a[S]. West Conshohocken:ASTM International,2013.

[280] BROWN E T. Rock characterization testing and monitoring:ISRM suggested methods[M]. Oxford:Pergamon Press,1981.

[281] ULUSAY R. The ISRM suggested methods for rock characterization, testing and monitoring:2007-2014[M]. Cham:Springer International Publishing,2015.

[282] TALBOT A N,RICHART F E. The strength of concrete and its relation to the cement,aggregate and water[J]. University of illinois engineering experiment station,1923,137:1-118.

[283] WU J Y,FENG M M,XU J M,et al. Particle size distribution of cemented rockfill effects on strata stability in filling mining[J]. Minerals, 2018,8(9):407.

[284] IOANNIDOU K,KANDUČ M,LI L,et al. The crucial effect of early-stage gelation on the mechanical properties of cement hydrates[J]. Nat commun,2016,7:12106.

[285] 陈忠辉,傅宇方,唐春安. 岩石破裂声发射过程的围压效应[J]. 岩石力学与工程学报,1997,16(1):65-70.

[286] 苏承东,翟新献,李宝富,等. 砂岩单三轴压缩过程中声发射特征的试验研究[J]. 采矿与安全工程学报,2011,28(2):225-230.

[287] American Society of Testing Materials. Standard test method for compressive strength of cylindrical concrete specimens:C39/C39M-15a[S]. West Conshohocken:ASTM International,2015.

[288] 陈宗基,康文法,黄杰藩. 岩石的封闭应力、蠕变和扩容及本构方程[J]. 岩石力学与工程学报,1991,10(4):299-312.

[289] CAI M,KAISER P K,TASAKA Y,et al. Generalized crack initiation and crack damage stress thresholds of brittle rock masses near un-

derground excavations[J]. International journal of rock mechanics and mining sciences,2004,41(5):833-847.

[290] 杨圣奇,刘相如.不同围压下断续预制裂隙大理岩扩容特性试验研究[J]. 岩土工程学报,2012,34(12):2188-2197.

[291] 姜德义,范金洋,陈结,等.盐岩在围压卸荷作用下的扩容特征研究[J].岩土力学,2013,34(7):1881-1886.

[292] WU J Y,FENG M M,YU B Y,et al. Experimental investigation on dilatancy behavior of water-saturated sandstone[J]. International journal of mining science and technology,2018,28(2):323-329.

[293] WU J Y,CHEN Z Q,FENG M M,et al. The length of pre-existing fissure effects on the dilatancy behavior, acoustic emission, and strength characteristics of cracked sandstone under different confining pressures [J]. Environmental earth sciences,2018,77(12):1-14.

[294] 纪洪广,蔡美峰.混凝土材料声发射与应力-应变参量耦合关系及应用[J].岩石力学与工程学报,2003,22(2):227-231.

[295] 俞缙,李宏,陈旭,等.砂岩卸围压变形过程中渗透特性与声发射试验研究[J].岩石力学与工程学报,2014,33(1):69-79.

[296] WU J Y,FENG M M,YU B Y,et al. The length of pre-existing fissures effects on the mechanical properties of cracked red sandstone and strength design in engineering[J]. Ultrasonics,2018,82:188-199.

[297] 郭庆华,邰保平,李志伟,等.混凝土声发射信号频率特征与强度参数的相关性试验研究[J].中南大学学报(自然科学版),2015,46(4):1482-1488.

[298] ANAY R,SOLTANGHARAEI V,ASSI L,et al. Identification of damage mechanisms in cement paste based on acoustic emission[J]. Construction and building materials,2018,164:286-296.

[299] SHIMAMOTO T. Confining pressure reduction experiments:a new method for measuring frictional strength over a wide range of normal stress[J]. International journal of rock mechanics and mining sciences & geomechanics abstracts,1985,22(4):227-236.

[300] SHIMADA M. Lithosphere strength inferred from fracture strength of rocks at high confining pressures and temperatures[J]. Tectonophysics, 1993,217(1/2):55-64.

[301] 苏承东,张振华.大理岩三轴压缩的塑性变形与能量特征分析[J].岩石力学与工程学报,2008,27(2):273-280.

[302] 邓代强,高永涛,吴顺川,等.复杂应力下充填体破坏能耗试验研究[J].岩土力学,2010,31(3):737-742.

[303] 尤明庆.围压对岩石试样强度的影响及离散性[J].岩石力学与工程学报,2014,33(5):929-937.

[304] 刘恺德.高应力下含瓦斯原煤三轴压缩力学特性研究[J].岩石力学与工程学报,2017,36(2):380-393.

[305] 徐文彬,宋卫东,王东旭,等.三轴压缩条件下胶结充填体能量耗散特征分析[J].中国矿业大学学报,2014,43(5):808-814.

[306] TOMCZAK K,JAKUBOWSKI J. The effects of age,cement content,and healing time on the self-healing ability of high-strength concrete[J]. Construction and building materials,2018,187:149-159.

[307] BARAM R M,HERRMANN H J. Self-similar space-filling packings in three dimensions[J]. Fractals,2004,12(3):293-301.

[308] HOEK E,BROWN E T. Practical estimates of rock mass strength[J]. International journal of rock mechanics and mining sciences,1997,34(8):1165-1186.

[309] BARTON N. Shear strength criteria for rock,rock joints,rockfill and rock masses:problems and some solutions[J]. Journal of rock mechanics and geotechnical engineering,2013,5(4):249-261.

[310] OBARA Y,ISHIGURO Y. Measurements of induced stress and strength in the near-field around a tunnel and associated estimation of the Mohr-Coulomb parameters for rock mass strength[J]. International journal of rock mechanics and mining sciences,2004,41(5):761-769.

[311] COWIN S C. Constitutive relations that imply a generalized Mohr-Coulomb criterion[J]. Acta mechanica,1974,20(1/2):41-46.

[312] 尤明庆.岩石强度准则的数学形式和参数确定的研究[J].岩石力学与工程学报,2010,29(11):2172-2184.

[313] HOEK E. Estimating Mohr-Coulomb friction and cohesion values from the Hoek-Brown failure criterion[J]. International journal of rock mechanics and mining sciences and geomechanics abstracts,1990,27(3):227-229.

[314] BENZ T,SCHWAB R. A quantitative comparison of six rock failure criteria[J]. International journal of rock mechanics and mining sciences,2008,45(7):1176-1186.

[315] 尤明庆.岩样三轴压缩的破坏形式和 Coulomb 强度准则[J].地质力学学报,2002,8(2):179-185.

[316] 苏承东,付义胜.红砂岩三轴压缩变形与强度特征的试验研究[J].岩石力学与工程学报,2014,33(增刊1):3164-3169.

[317] 俞茂宏,彭一江.强度理论百年总结[J].力学进展,2004,34(4):529-560.

[318] 宫凤强,陆道辉,李夕兵,等.不同应变率下砂岩动态强度准则的试验研究[J].岩土力学,2013,34(9):2433-2441.

[319] 尤明庆.完整岩石的强度和强度准则[J].复旦学报(自然科学版),2013,52(5):569-582.

[320] YOU M Q. True-triaxial strength criteria for rock[J]. International journal of rock mechanics and mining sciences,2009,46(1):115-127.

[321] YOU M Q. Mechanical characteristics of the exponential strength criterion under conventional triaxial stresses[J]. International journal of rock mechanics and mining sciences,2010,47(2):195-204.

[322] YOU M Q. Comparison of the accuracy of some conventional triaxial strength criteria for intact rock[J]. International journal of rock mechanics and mining sciences,2011,48(5):852-863.

[323] 周晓云,朱心雄.散乱数据点三角剖分方法综述[J].工程图学学报,1993,14(1):48-54.

[324] 靳国栋,刘衍聪,牛文杰.距离加权反比插值法和克里金插值法的比较[J].长春工业大学学报(自然科学版),2003,24(3):53-57.

[325] 洪樱,欧吉坤,彭碧波.GPS 卫星精密星历和钟差三种内插方法的比较[J].武汉大学学报(信息科学版),2006,31(6):516-518.

[326] CLINE A K,RENKA R L. A storage-efficient method for construction of a Thiessen triangulation[J]. Rocky mountain journal of mathematics,1984,14(1):119-139.

[327] HOLLAND J H. Adaptation in natural and artificial system[M]. Ann Arbor:University of Michigan Press,1992.

[328] CUNDALL P A,STRACK O D L. A discrete numerical model for granular assemblies[J]. Geotechnique,1979,29(1):47-65.

[329] 罗勇,龚晓南,连峰.三维离散颗粒单元模拟无黏性土的工程力学性质[J].岩土工程学报,2008,30(2):292-297.

[330] 吴顺川,周喻,高斌.卸载岩爆试验及 PFC^{3D} 数值模拟研究[J].岩石力学与工程学报,2010,29(增刊2):4082-4088.

[331] 张龙,唐辉明,熊承仁,等.鸡尾山高速远程滑坡运动过程 PFC³ᴰ模拟[J].岩石力学与工程学报,2012,31(增刊1):2601-2611.

[332] 王家臣,魏立科,张锦旺,等.综放开采顶煤放出规律三维数值模拟[J].煤炭学报,2013,38(11):1905-1911.

[333] 王明立.煤矸石压缩试验的颗粒流模拟[J].岩石力学与工程学报,2013,32(7):1350-1357.

[334] 张超,展旭财,杨春和.粗粒料强度及变形特性的细观模拟[J].岩土力学,2013,34(7):2077-2083.

[335] 贾学明,柴贺军,郑颖人.土石混合料大型直剪试验的颗粒离散元细观力学模拟研究[J].岩土力学,2010,31(9):2695-2703.

[336] 周喻,MISRA A,吴顺川,等.岩石节理直剪试验颗粒流宏细观分析[J].岩石力学与工程学报,2012,31(6):1245-1256.

[337] Itasca Consulting Group Inc. PFC³ᴰ manual version 5.0[M].[S. l.]: Itasca Consulting Group Inc. ,2014.

[338] CHO N,MARTIN C D,SEGO D C. Development of a shear zone in brittle rock subjected to direct shear[J]. International journal of rock mechanics and mining sciences,2008,45(8):1335-1346.

[339] American Society of Testing Materials. Standard test method for pulse velocity through concrete:C597-09[S]. West Conshohocken:ASTM International,2009.

[340] ERCIKDI B,CIHANGIR F,KESIMAL A,et al. Effect of natural pozzolans as mineral admixture on the performance of cemented-paste backfill of sulphide-rich tailings[J]. Waste management & research,2010,28 (5):430-435.

[341] BOGAS J A,GOMES M G,GOMES A. Compressive strength evaluation of structural lightweight concrete by non-destructive ultrasonic pulse velocity method[J]. Ultrasonics,2013,53(5):962-972.

[342] NIK A S,OMRAN O L. Estimation of compressive strength of self-compacted concrete with fibers consisting nano-SiO_2 using ultrasonic pulse velocity[J]. Construction and building materials,2013,44:654-662.

[343] HAACH V G,JULIANI L M,ROZ M R D. Ultrasonic evaluation of mechanical properties of concretes produced with high early strength cement[J]. Construction and building materials,2015,96:1-10.

[344] VISHNU C S,MAMTANI M A,BASU A. AMS,ultrasonic P-wave ve-

locity and rock strength analysis in quartzites devoid of mesoscopic folia-tions - implications for rock mechanics studies[J]. Tectonophysics, 2010,494(3/4):191-200.

[345] BALLAND C,MOREL J,ARMAND G,et al. Ultrasonic velocity survey in Callovo-Oxfordian argillaceous rock during shaft excavation[J]. Inter-national journal of rock mechanics and mining sciences,2009,46(1): 69-79.

[346] CHEN J,WANG H,YAO Y P. Experimental study of nonlinear ultra-sonic behavior of soil materials during the compaction[J]. Ultrasonics, 2016,69:19-24.

[347] SHAH A A, ALSAYED S H, ABBAS H, et al. Predicting residual strength of non-linear ultrasonically evaluated damaged concrete using artificial neural network[J]. Construction and building materials,2012, 29:42-50.

[348] TRTNIK G,KAVČIČ F,TURK G. Prediction of concrete strength using ultrasonic pulse velocity and artificial neural networks[J]. Ultrasonics, 2009,49(1):53-60.

[349] KEWALRAMANI M A,GUPTA R. Concrete compressive strength pre-diction using ultrasonic pulse velocity through artificial neural networks [J]. Automation in construction,2006,15(3):374-379.

[350] TENZA-ABRIL A J,VILLACAMPA Y,SOLAK A M,et al. Prediction and sensitivity analysis of compressive strength in segregated light-weight concrete based on artificial neural network using ultrasonic pulse velocity[J]. Construction and building materials,2018,189:1173-1183.

[351] ASHRAFIAN A,TAHERI AMIRI M J,REZAIE-BALF M,et al. Pre-diction of compressive strength and ultrasonic pulse velocity of fiber re-inforced concrete incorporating nano silica using heuristic regression methods[J]. Construction and building materials,2018,190:479-494.

[352] WANG C C,WANG H Y. Assessment of the compressive strength of recycled waste LCD glass concrete using the ultrasonic pulse velocity [J]. Construction and building materials,2017,137:345-353.

[353] KACHANOV L M. Rupture time under creep conditions[J]. Interna-tional journal of fracture,1999,97(1/2/3/4):11-18.

[354] 张吉雄,缪协兴,郭广礼. 固体密实充填采煤方法与实践[M]. 北京:科学

出版社,2015.

[355] ZHANG J X,JIANG H Q,DENG X J,et al. Prediction of the height of the water-conducting zone above the mined panel in solid backfill mining [J]. Mine water and the environment,2014,33(4):317-326.

[356] PENG S S. 煤矿围岩控制[M]. 翟新献,翟俨伟,译. 北京:科学出版社,2014.

[357] 张吉雄,巨峰,周楠. 固体充填回收房式开采遗留煤柱理论与方法[M]. 北京:科学出版社,2015.

[358] 谢和平,周宏伟,王金安,等. FLAC 在煤矿开采沉陷预测中的应用及对比分析[J]. 岩石力学与工程学报,1999,18(4):397-401.

[359] HUANG G,KULATILAKE P H S W,SHREEDHARAN S,et al. 3-D discontinuum numerical modeling of subsidence incorporating ore extraction and backfilling operations in an underground iron mine in China[J]. International journal of mining science and technology,2017,27(2):191-201.

[360] 蔡美峰,冀东,郭奇峰. 基于地应力现场实测与开采扰动能量积聚理论的岩爆预测研究[J]. 岩石力学与工程学报,2013,32(10):1973-1980.